魔力科学院 和牛顿一起玩转物理 杨

惊悚的速度

JINGSONG DE SUDU

时代出版传媒股份有限公司
安徽美术出版社
全国百佳图书出版单位

图书在版编目（ＣＩＰ）数据

惊悚的速度 / 杨自虎编著 . —合肥 : 安徽美术

出版社, 2013.7（2018.4重印）

（魔力科学院：和牛顿一起玩转物理）

ISBN 978-7-5398-3242-5

Ⅰ.①惊… Ⅱ.①杨… Ⅲ.①速度 – 青年读物
②速度 – 少年读物 Ⅳ.①O311.1–49

中国版本图书馆CIP数据核字(2013)第173547号

惊悚的速度
JINGSONG DE SUDU

杨自虎　编著

出 版 人：唐元明

责任编辑：史春霖　　程　兵

助理编辑：方　芳

责任校对：吴　丹　　刘　欢

责任印制：缪振光

封面设计：揽胜视觉

出版发行：时代出版传媒股份有限公司

　　　　　安徽美术出版社（http://www.ahmscbs.com/）

地　　址：合肥市政务文化新区翡翠路1118号出版传媒广场 14F

邮　　编：230071

营 销 部：0551–63533604（省内）　0551–63533607（省外）

印　　制：三河市嵩川印刷有限公司

开　　本：889mm × 1092mm　1/16　印　张：12

版　　次：2013年10月第1版　2018年4月第4次印刷

书　　号：ISBN 978-7-5398-3242-5

定　　价：22.50元

如发现印装质量问题，请与我社营销部联系调换。

版权所有·侵权必究

本社法律顾问：安徽承义律师事务所　孙卫东律师

前　言

阳光普照大地，没错，是太阳照亮了地球，但任何时刻，阳光都只能照亮半个地球。那么是什么照亮了整个地球呢？是物理学！尤其是 20 世纪以来，物理学的发展对现代社会文明产生了巨大的影响。核能、激光、半导体、现代通讯、电视、航天……一系列技术的发展与进步，处处都闪耀着物理学的光辉。不夸张地说，物理学的光芒普照到了地球的每一个角落。

"什么是物理学？物理学家干什么，什么就是物理学。"这里"干"的含义是"研究"。同一个对象，例如蛋白质，生物学家用生物学的方法去研究，它就是生物学问题；化学家用化学的方法去研究，它就是化学问题；物理学家用物理学的方法去研究，它就是物理学问题。今天，我们很难再从研究对象来定义什么是物理学。不管什么问题，当物理学家用物理学的方法去研究时，它就成了物理学问题。

物理学是唯一一门理论和实验高度结合的精密科学。它拥有一套最全面也最有效的科学方法，实践证明，将这套方法运用到自然科学的许多领域，乃至社会科学，都是卓有成效的。在学生的科学素质培养方面，物理有着无可替代的作用。无论学生将来做什么，多学点物理，都将大有好处。

罗丹有一句名言："生活中并不缺少美，而是缺少美的发现。"物理学同样如此。物理本身并非美学，要想使物理教程从枯燥的铅字变成闪烁着美的光彩的科学诗篇，关键在于我们要善于发掘和展示物理科学的美学特征，去创设美的意境，让人们在潜移默化中，受到物理科学美的陶冶——这才是物理学的艺术。

物理学是一门历史悠久的自然学科。随着科技的发展、社会的进步，物理学已经渗入到人类生活的各个领域。物理学存在于物理学家的身边，但它也同样存在于同学们身边。在学习中，同学们不妨树立科学意识，大处着眼，小处着手，通过观察、思考、实践、创新等活动，逐步掌握科学的学习方法，训练科学的思维方式。久而久之，你就会拥有科学家的头脑，为今后的发展打下扎实的基础。

从什么地方着手研究物理呢？事实上，物理学与现实生活是息息相关的。只要时时留意，我们就会发现，身边的许多事例，都是可以用物理规律去解释和总结的。

本书主要是从物理学的角度出发，多角度全方位地阐述速度，让我们更好更全面地了解速度的奥秘。

本书共分十个章节，每一个章节对速度的阐述都有所不同。读完这本书，你会知道原来速度是有方向的，你会知道很多速度之最，你会知道为什么肯尼亚运动员擅长长跑……总而言之，你将逐步了解神奇而有趣的速度世界。怎么样，听起来很有趣吧。那还犹豫什么，现在就让我们一起步入速度的殿堂吧！

特别说明一下，为了让读者容易理解相关知识，本书设置了"牛顿如是说""牛顿考考你"等环节，同学们不要对号入座，真的认为牛顿在本书中出现了。

目　录

第一章　惊悚的速度

近年来，严禁酒驾一直是备受关注的话题。因为酒精会麻痹人的神经系统，遇到状况时，司机做出反应的速度减慢，从而导致交通事故频发，由此更引发了无数社会悲剧。

其实，在大部分交通事故中，速度都是元凶。超重行驶、疲劳驾驶、甚至驾驶中的分神，最终影响的都是汽车行驶的速度。而速度一旦失控，后果往往不可预测。因此，"宁停一分，勿抢一秒"成了很多货车上的标语，"开车小心，慢点驾驶"成了我们最平常的叮嘱。

那么，这让人惊悚的"速度"到底是什么？这看不见的杀手，又有着怎样的秘密？

这一章就让我们来拜访一下这位神秘的常住者。

第一节　速度的秘密

牛顿如是说

我不知道世人怎样看我，但我以为自己不过像一个在海边玩耍的孩子，不时为发现比寻常更为美丽的贝壳而沾沾自喜，可与此同时，却对我面前伟大的真理的海洋熟视无睹。

当今社会，"速度"越来越成为人们关注的焦点和追求的目标，无论是在政治领域、文化教育领域，还是平时生活中，速度随处都会被提及：速成、速递、速记、速配、高速、提速、竞速……

说到速度，同学们首先想到的是什么？

有的同学说，我想到了奥运会，想到了奥运会上刘翔的男子110米跨栏。

说得好，那你们想过没有，为什么所有运动会中，只有奥运会最让人们心潮澎湃？那是因为奥运会的存在，能使人们更加努力地去追逐，去挑战速度的极限。这也可以说是速度特有的魅力了。

有的同学说，我想到了弹吉他——有多快的速度，源于你弹得有多慢。这句话乍一听让人很迷惑，但尝试一下你就会发现，只有慢弹，你才可能放松双手，舒服地弹奏。吉他中的调节拍器，就是用来慢慢地固定这种放松，然后再慢慢提高速度的。开始时，从 60 节拍放松，然后，在 80 节拍慢慢放松，直到最后，完全放松，弹到 180 的高速。在这样放松的状态下弹高速，你会觉得自己的身体很舒服，双手肌肉也不会绷紧。如果在弹奏过程中，你能如本能一般，自如地放松绷紧的手部肌肉，就说明你在速度上已经有进步，可以挑战更高的速度了。这也可以算作速度的一个小秘密吧。

还有同学回答说，速度就是速度，用来表示物体运动的快慢程度。它被定义为位移随着时间的变化率。用物理学公式表示，就是：

$$v=s/t$$

这个定义完全没错，后续我还将和同学们一起好好讨论这个公式。不过在这里，有两点我需要提醒同学们注意：

第一，速度是矢量，它有大小和方向。速度的大小也称为速率。

第二，物理学中提到的速度，一般指瞬时速度，而人们通常所说的火车、飞机的速度，都是指平均速度。为什么会有这种差别呢？因为在实际生活中，各种交通工具运动的快慢很容易受到各种因素的影响，因而经常会发生变化。这种情况下，使用平均速度更容易令人接受。

自然界中，光速是目前已知的速度上限。

牛顿的科学百宝箱

"Wow，还有更多有意思的事情，跟我来吧！"

高速摄影与频闪摄影

摄影经常被称为瞬间艺术，但事实上，高速摄影出现后，才有了真正意义上的瞬间摄影。

　　普通闪光灯的持续发光时间为 1/20000 秒，拍摄体育运动等素材时绰绰有余。但子弹飞行的速度至少可达每秒数百米，要想抓拍子弹运动的瞬间，曝光时间必须达到百万分之一秒的数量级。只有在使用激光光源后，才达到了在更短的时间内发出更强烈照明的效果，才能清楚地将子弹的影像凝固在底片上——这就是高速摄影的原理。

　　高速摄影拥有广泛的用途。它曾被用在汽车的快速碰撞试验研究中，也曾被用在观察昆虫令人惊叹的飞行技巧中，还曾被用于绘画艺术中。

　　另一种高速摄影技术是频闪摄影。它借助电子闪光灯，在一张底片上记录运动物体的连续运动过程。其关键器材是电子频闪灯。频闪灯闪光频率越高，底片曝光次数越多，在照片上出现的影像也就越多。

牛顿考考你

"我相信你也是科学高手，你会做下面的题目吗？"

1. 下列关于速度的说法中正确的是（　　）。
   A. 通过的路程越长，速度越大
   B. 所用时间越小，速度越大
   C. 速度是表示物体运动快慢的物理量
   D. 20 千米 / 时的速度大于 15 米 / 秒

第二节 走进奇异的速度世界

牛顿如是说

如果说我比别人看得更远些，那是因为我站在了巨人的肩膀上。

鹰击长空，鱼翔浅底，万类霜天竞自由。仁者爱山，爱它的沉稳；智者乐水，乐它的灵动。山山水水共同构筑起我们这个奇妙的世界，无数的生物都在高唱着自己渺小却又不失伟大的一生。

走进奇妙的速度世界，同学们会发现万物生灵都在以它们自己的速度生活着。那么同学们知道这个世界上的速度之最有哪些吗？

下面就让我们一起来了解一下吧！

如果按比例放大的话，世界上速度最快的动物是一种名字叫虎蚣的昆虫，放大到和人相同的质量，它的时速可以达到 400 多千米。但是，我们关注更多的是绝对速度，那么谁是速度世界的佼佼者呢？

1. 爬虫类动物的速度冠军是美国的一种蜥蜴，它逃跑时的最大时速可达 24 千米。

2. 两栖类动物的速度冠军是太平洋中的棱皮龟，其爬行速度最高可达 35.2 千米／小时。

3. 飞得最快的昆虫名叫澳大利亚蜻蜓，它短距离的冲刺速度可达每小时 58 千米。

4. 跑得最快的鸟是鸵鸟，它的速度可达 75 千米／小时。

5. 长跑最快的动物是藏羚羊，它善于奔跑，并且速度可达每小时 70～110 千米。即使是妊娠期满临产的雌藏羚羊，也能以很快的速度疾奔。可以说，藏羚羊是高原严酷环境下奔跑最快的动物。

6. 陆地上短跑最快的动物是非洲猎豹，它的时速可达 110 千米。但它最快的速度仅能维持 1 分钟，接着便得花上 20 分钟时间喘息恢复。猎豹的长距离奔跑时速大约为 60 千米。

7. 游得最快的动物是旗鱼，游速可达 120 千米 / 小时，比轮船正常航行的速度要快三四倍。

8. 长距离飞得最快的动物是尾部有脊骨的褐雨燕。它的时速高达 170.98 千米，最快甚至能达到 352.5 千米 / 小时，平均速度为每小时 110～190 千米，是当之无愧的长距离飞行之王。

9. 最快的飞机是美国空军的 X-51A"乘波者"无人驾驶飞机，在 2010 年 5 月 26 日的飞行中，这架飞机的速度达到 6 马赫，大约相当于每小时 7344 千米。

10. 最快的车是布加迪·威龙（Bugatti Veyron）超级跑车，它的功率高达 1001 马力（约 736.2 千瓦），是世界上马力最高的汽车。它的时速可以达到 252 英里（405 千米）。

11. 最快的摩托车是一辆日本新出产的铃木，据说在试车时，它的最高时速达到了 300 千米。

12. 最快的坦克是英国"毒蝎"式坦克，它是目前世界上最轻、最小、速度最快的坦克。公路最高速度为 80.5 千米 / 小时。

13. 最快的装甲车是俄罗斯顶级装甲豪华越野车 T98。"豪华"和"装甲车"听起来是两个完全不沾边的词，但是在这个疯狂的世界，需求造就一切。T98 应运而生，极速可到 180 千米 / 小时。

14. 最快的列车是中国的"和谐号"CRH-380A，它以 486.1 千米的时速刷新了世界最快列车的纪录。

15. 世界上运算速度最快的计算机是中国制造的"天河一号"。2012 年 10 月，中国公开的超级计算机"天河一号"，超越美国"美洲豹"成为世界最快的计算机。其运算速度可达 2.57 PFLOPS（每秒 1000 万亿次运算）。

....

说了这么多速度之最，你们是不是感受到了速度的魅力，并迫不及待想要进一步了解速度了呢？不要着急，后面我们还有很多章节可以学习速度方面的知识。

牛顿的科学百宝箱

"Wow, 还有更多有意思的事情, 跟我来吧!"

参照系

　　参照系, 又称参考系, 物理学名词, 指研究物体运动时所选定的参照物体或彼此不做相对运动的物体系。根据牛顿力学定律在参考系中是否成立这一点, 可把参考系分为惯性系和非惯性系两类。

　　参考系的选择是任意的, 但应以观察方便和使运动的描述尽可能简单为原则, 研究地面上物体的运动常选择地面为参考系。

　　如果物体相对于参照系的位置在变化, 则表明物体相对于该参照系在运动; 如果物体相对于参照系的位置不变, 则表明物体相对于该参照系是静止的。同一物体相对于不同的参照系, 运动状态可以不同。在运动学中, 参照系的选择可以是任意的。研究和描述物体运动, 只有在选定参照系后才能进行。如何选择参照系, 必须从具体情况来考虑。例如, 一个星际火箭在刚发射时, 主要研究它相对于地面的运动, 所以把地球选作参照物。但是, 当火箭进入绕太阳运行的轨道时, 为研究方便, 便将太阳选作参照系。为研究物体在地面上的运动, 选地球作参照系最方便。例如, 观察坐在飞机里的乘客, 若以飞机为参照系来看, 乘客是静止的; 如以地面为参照系来看, 乘客是在运动。因此, 选择参照系是研究问题的关键之一。

牛顿考考你

"我相信你也是科学高手, 你会做下面的题目吗?"

1. 水中游得最快的旗鱼速度可达 108 千米 / 时; 陆地上跑得最快的猎豹,

每秒可跑 40 米；空中飞行最快的褐海燕，每分钟能飞行 5 千米。则速度大小（　　）。

  A. 猎豹最大   B. 旗鱼最大

  C. 褐海燕最大   D. 三者一样大

 2. 地球表面处的环绕速度称为第一宇宙速度，约为 7.9 千米／秒，下面哪种物体的速度可达到第一宇宙速度？（　　）。

  A. 导弹   B. 飞机

  C. 人造卫星   D. 滑翔伞

 3. 声音是有速度的，约为 340 米／秒，人类于 1947 年首次实现超音速飞行。下列那架飞机的速度是超过音速的？（　　）。

  A. 20 千米／分钟   B. 1300 千米／小时

  C. 1100 千米／小时 D. 300 米／秒

第三节　科学家眼中的速度

牛顿如是说

自然和自然律隐没在黑暗中；神说，让牛顿去吧！万物遂成光明。

  曾经有科学家提出，当速度超过光速时，时间是静止的。这个理论自公之于世那一天起，就引发了无数争论。

  有人说，这不可能，如果有一天科技能够让物体的速度超过光速，按照这个理论，人岂不是可能由此回到过去？过去发生的事情都是不可能被逆转或者改变的，但是我们却可以看到过去！这怎么可能？举例来说，某一时间，一个物体以光的形式向外传播出去，那么 10 光年之后（就是说这个物体自身经过了 10 年的时间），如果从这个物体发射某一飞行器，让它以 10 倍光速的速度运行，那么1年多以后，这个飞行器就可以赶到某时间物体所发的光之前。如果上述理论成立，这个飞行器就等于是看到了这个物体11多年以前的情况！按照这个推论，我们现在所看到的天上的星星，都是它们的过去，更准确地说，我们所看到的一切都是过去发生的！

也有人说，速度是相对论的产物，而所谓的超越光速时光倒流也只是根据相对论所作的一种理论推测。这种推测是否成立，现在依旧无法证实。假如爱因斯坦的相对论成立，那么一个物体在以超越光速运动时，它本身的时间会变慢，而其他物体还是正常的时间。也就是说，当它过了10年后，其他物体已经过了20年或者更久，而它本身还是会随着时间流转。换言之，如果这个物体是一个人，那么他也会从小长到大，只是相对于别人来说，长得慢一些，绝不会返老还童。

还有人说，如果这个推论正确，认为当我们所处的空间运行的速度像光速一样快的话，那么时间对于我们来说就是静止的。如果比光速快，对于我们来说，时间就是在倒流；我们的速度越快，时间倒流得越快，甚至可以倒流到很久以前——这就是所谓的穿越时空。

持反对意见的人也不少。有人认为，这种推测本身就是一种谬论，速度是在相对的情况下出现的，而相对于物体本身而言，无论何时它都是静止的。速度是空间的产物，而时间则是事件发生顺序的标尺，两者并没有什么直接的关系，所以超光速即能穿越时空是不成立的。

更有人认为，当速度接近光速时，时间只会接近静止。在我们日常熟悉的三维世界里，光是一维的，是永远向前的。但在我们无法想象的四维空间里，除了上下左右前后，还加上了一条时间轴。当速度到达光速时，可以说物体就是静止的，就像三维中，我们看二维图片会感觉它是静止的一样；假设有种生物是四维的，那么它看我们就如同我们看图片。它能超出时间这个概念，即能一眼看到我们人生的开始和结束。所以，根据四维对时间的概念，我们可以认为，时间不是矢量，那么当速度超越光速时，时光可以倒流。但是，时光倒流又会打破物理界因果律的束缚，使因果颠倒，所以目前并无事实可以证明时光能够倒流。事实上，一旦光速被证明可以超越，那么人类对空间的秩序可能就要重新认识了。

不过无论如何，以目前的科技水平，这个问题似乎还难有定论。同学们不妨努力学习，争取早日自己解开这个谜题吧！

牛顿的科学百宝箱

"Wow，还有更多有意思的事情，跟我来吧！"

相对论

相对论最早由爱因斯坦提出，它是关于时空和引力的一种基本理论，可分为狭义相对论（特殊相对论）和广义相对论（一般相对论）。

相对论的基础假设是相对性原理，即物理定律与参照系的选择无关。狭义相对论和广义相对论的主要区别是，前者讨论匀速直线运动的参照系（惯性参照系）之间的物理定律；后者则推广到具有加速度的参照系中（非惯性系），并且在等效原理的假设下，广泛应用于引力场中。

狭义相对论中，最著名的推论是质能公式，它可以用来计算核反应过程中所释放的能量，这在某种程度上推动了原子弹的诞生。而广义相对论预言的引力透镜和黑洞，也已经陆续被天文观测所证明。

另外，相对论完全颠覆了人类对宇宙和自然的"常识性"观念，它提出了诸如"时间和空间的相对性""四维时空""弯曲空间"等全新的概念模式。

牛顿考考你

"我相信你也是科学高手，你会做下面的题吗？"

1. 下列关于速度的说法中，正确的是（ ）。

A. 通过的路程越长，物体的速度就越大

B. 相同时间内，通过路程越长，物体速度越大

C. 运动的时间越短，物体的速度就越大

D. 通过相同路程，所用时间越长，物体速度就大

2. 有甲、乙两辆汽车，甲车运动了 10 千米 ，乙车运动了 15 千米，则运动快的是（　　）。

　　A. 甲车　　　　　　　　B. 乙车

　　C. 一样快　　　　　　　D. 条件不足，无法确定

3. 甲以 5 米 / 秒的速度向正北运动，乙以 15 米 / 秒的速度向正南运动，丙以 10 米 / 秒的速度向正南运动，则（　　）。

　　A. 甲看乙是向正北

　　B. 甲看丙是向正北

　　C. 乙看甲是向正南

　　D. 丙看乙是向正南

第四节　速度的基本规律

牛顿如是说

你该将名誉作为你最高人格的标志。

　　物体的运动通常比较复杂。放眼所见，物体的运动规律各不相同。生活中，人们跳远助跑、水中嬉戏……自然界里，雨滴下落、猎豹捕食、蚂蚁搬家……

　　但有些现象是亘古不变的，铁会生锈；物体会腐烂；离离原上草，一岁一枯荣……同学们，你们知道上述现象说明了什么吗？

其实它们说明了：世界上一切事物都处于运动和变化之中。

可是你们又知道这些运动中，有多少是速度的变化吗？

你们有没有想过，物体的速度变化可能也存在规律呢？

要想探索复杂运动蕴含的规律，首先必须知道物体在不同时刻的速度。直接测量瞬时速度比较困难，但我们可以借助打点计时器，先记录物体在不同时刻的位置，再通过对纸带的分析，计算得到各个时刻的瞬时速度。

让我们来做个试验吧！

一、实验器材：

电源、导线、打点计时器、小车、4 个 25 克的钩码、带小钩的细线、纸带、刻度尺、坐标纸、复写纸等。

二、实验步骤：

1. 把打点计时器固定在实验桌上（不许松动！），连接电源（通电检查！）。

2. 把纸带穿过限位孔，复写纸压在纸带上（纸带在下，复写纸在上，试拉检查！），用带小钩的细线将纸带、钩码、小车等连接在一起。

3. 先通电等待 1～2 秒，然后启动小车，带动纸带运动（先通电，然后拉动，控制快慢！）。

4. 先切断电源，然后取下纸带（先断电后取带！）。

5. 再取 2～3 条纸带，重复 2～3 次。

6. 选取纸带（在多条纸带中，选取一条点迹清晰并且点迹排列成直线的纸带进行处理）。

7. 测量点编号，数点计时（舍掉开头一段过于密集的，找一个适当的点作为计时起点，为了减少测量误差和便于计算，每隔 4 个计时点选取 1 个计数点表进行测时，相邻计数点的时间间隔为 0.1 秒，写下序号！）。

8. 用刻度尺测量距离，记录数据（忠实地记录原始数据！），保留纸带（不能丢失！）。

9. 整理实验器材（不要忘记！）。

10. 数据处理，把各点的瞬时速度填入下表。

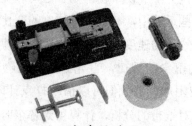

打点计时器

位置编号	0	1	2	3	4	5	6	7
时间								
速度								

11. 用描点法绘出速度 - 时间图像。

（1）建立坐标系，纵坐标轴为速度 v，横坐标轴为时间 t。

（2）对坐标轴进行适当分度，使测量结果差不多布满坐标系。

（3）描出测量点，尽可能使其清晰。

（4）用一条光滑的曲线（直线）连接坐标系中的各点。

（5）明显偏离的点视为无效点，连线时应使连线两侧的点分布大致相同。

三、实验结果：

从最终结果能够看出，小车的 v-t 图像是一条倾斜的直线。

1. 图像的物理意义：反映了速度随时间变化的规律。

2. 可以从图像上得到任意时刻的速度。

3. 可以求出物体的加速度。

4. 可以求出物体一段时间内的运动距离。

速度图像中的某一点表示某一时刻的速度。小车的速度图像是一条倾斜的直线，这表明小车的速度在不断增大，并且速度的变化是均匀的。也就是说，小车在做加速度不变的直线运动。

做了这个试验之后，大家对速度有没有更加直观的感受呢？相信大家对速度的基本规律一定已经有了一些了解了，对吗？

打点计时器

打点计时器是一种测量时间的工具。当运动物体带动的纸带通过打点计时器时，在纸带上打下的点就记录了物体运动的时间，同时也相应地表示出了运动物体在不同时刻的位置。这样，研究纸带上各点间的间隔，就可以分析物体的运动状况。

打点计时器分为电磁打点计时器和电火花打点计时器。

电磁打点计时器的工作原理为：给电磁打点计时器的线圈通电后，线圈将产生磁场，线圈中的振片会被磁化，振片在永久磁铁磁场的作用下会向上或者向下运动。由于交流电的方向每个周期都变化两次，因此振片被磁化后的磁极要发生变化，永久磁铁对它的作用力的方向也要发生变化。此时打点一次或者不打点。

电火花打点计时器则是利用火花放电，使墨粉在纸带上打出墨点而显出点迹。按下脉冲输出开关后，计时器发出脉冲电流，接正极的放电针和墨粉纸盘到接负极的纸盘轴，产生火花放电，于是在纸带上打出一系列的点。

两者相比，电火花打点计时器比电磁打点计时器的误差小。

1. 汽车在平直的高速公路上匀速行驶，小明在车中测试汽车的速度，用

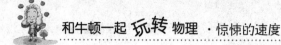
手表测出汽车从路程牌 62 千米到 63 千米的时间是 33 秒，此时汽车的速度最接近于（　　）。

    A. 33 千米／时　　　　　　　B. 120 千米／时

    C. 33 米／秒　　　　　　　　D. 30 米／秒

  2. 某同学在"探究小车速度随时间变化的规律"的实验中，得到的纸带打的点很稀，这是由于（　　）。

    A. 接的电压太高　　　　　　B. 接的电源频率偏高

    C. 所挂钩码太少　　　　　　D. 所挂钩码太多

第五节　如何提高运动中的速度

牛 顿 如 是 说

无知识的热心，犹如在黑暗中远征。

  同学们，你们喜欢运动吗？你们知道运动有什么好处吗？你们能说出多少种运动项目呢？

  相信有很多同学都很喜欢打篮球，那你们有没有过这样的烦恼——打篮球时过人很困难。如果有，你们想过原因是什么吗？

  其实很简单，因为你的速度不够快，而别人的速度超过了你，所以能防守得死死的，让你甩都甩不掉。

  现在问题就简单了，你只需要提升速度而已。

  要如何开始呢？同学们可以先练习短跑。以 90%～95% 的强度进行 20～60 米跑，每组跑 4～5 次，每次休息 3～6 分钟，进行 2～3 组，这将有助于提高你的速度。同时，改变短跑的起跑姿势——采取站立式、转身式和行进间跑，都将有助于你提高速度。

要注意，上述种种提高速度的训练，都应该在质量良好的，即平坦、干燥、硬度适中的路面上进行。温暖的天气将有利于提高这种训练的效率。冷天气不利于这种训练，但在完成适当的准备活动后，也可以进行。

训练的目标是提高肌肉的快速收缩速度，加强对神经系统的兴奋与抑制过程的灵活训练，提高肌肉快速收缩与放松的能力。

以下手段可以加强训练效果：

1. 高速大幅度前后摆动腿的练习，要求在快速摆动中完成合理的折叠技术。小腿折叠得越紧，半径越小，摆速应越快。

2. 加快脚掌着地速度的练习，要求尽可能缩短腾空时间。

3. 快速摆臂和摆腿练习，要求腿和臂的动作协调进行。

当然，绝对速度也有其他一些训练方法，一一列举如下。同学们可以根据自己的情况选择适合自己的训练方式：

1. 行进间跑：30～60米，3～4次，2～3组。

2. 短距离接力跑：2人×50米或4人×50米，3～4次，2～3组。

3. 短距离追赶跑：60～100米，3～5次，3组。

4. 短距离组合跑：20米＋40米＋60米＋80米＋100米，2～3组。或30米＋60米＋100米＋60米＋30米，2～3组。

5. 顺风跑或下坡跑：30～60米，3～4次，2～3组。

6. 短距离变速跑：100～150米，3次，2～3组。

7. 胶带牵引跑：30～60米，4～5次，2～3组。

8. 反复跑：30～60米，4～5次，2～3组。

当绝对速度提升之后，我们就可以进行加大难度的练习了。

1. 各种球类运动练习。比如双手推滚球，接着起跑追赶滚动球的练习；双手向前上抛出球，接着跑出追赶并接住球的练习。

2. 各种游戏性质的反应练习。

3. 发令或听信号的蹬起跑器的练习。比如半蹲踞式姿势，听到枪声迅速向上跳起并触及高物。

4. 最快速度的摆臂练习，持续时间5～10秒或5～20秒。

5. 最高频率的各种形式的高抬腿跑，持续时间 5～10 秒。

6. 最快频率的小步跑、半高抬腿跑，距离 30～40 米。

7. 快速后蹬跑，完成距离 50～100 米（计时、计步）。

8. 快速跨步跑，完成距离 50～100 米（计时、计步）。

9. 快速单足跑，完成距离 30～60 米（计时、计步）。

10. 由直立姿势开始，逐渐向前倾斜并快速跑出的练习。

11. 在 2～3 度的斜跑道上，快速完成上坡或下坡加速跑的练习，距离 40～50 米。

说了这么多提升运动速度的技巧，不知大家学会了没有？当然，最重要的还是要坚持！任何方法，如果缺少了坚持，都是没有效果的。

 牛顿考考你

"我相信你也是科学高手，你会做下面的题目吗？"

1. 在学校运动会上，小明参加的项目是百米赛跑。起跑后，小明越跑越快，最终以 12.5 秒的优异成绩获得冠军。关于上述小明的百米赛跑过程，下列说法正确的是（   ）。

   A. 小明在前 50 米一定用了 6.25 秒

   B. 小明每秒钟通过的路程都是 8 米

   C. 小明的平均速度是 8 米 / 秒

   D. 小明的平均速度是 8 千米 / 时

2. 运动会上，100 米决赛，中间过程张明落后于王亮，冲刺阶段张明加速追赶，结果他们同时到达终点。关于全过程中的平均速度，下列说法中正确的是（   ）。

   A. 张明的平均速度比王亮的平均速度大

   B. 张明的平均速度比王亮的平均速度小

  C．二者的平均速度相等

  D．不是匀速直线运动，无法比较

  3．《龟兔赛跑》的寓言故事，说的是兔子瞧不起乌龟。它们同时从同一地点出发后，途中兔子睡了一觉，醒来时发现乌龟已到了终点。整个赛程中（ ）。

  A．兔子始终比乌龟跑得慢

  B．乌龟始终比兔子跑得慢

  C．比赛采用相同时间比路程的方法

  D．比赛采用相同路程比时间的方法

第六节　为什么肯尼亚运动员擅长长跑

牛顿如是说

我并无特别过人的智慧，有的只是坚持不懈的思索精力而已。

  肯尼亚有一个著名的"长跑之乡"——埃尔多雷特地区。这里有一个叫作卡兰金的部族。整个部族里曾经诞生过 40 多名世界级长跑冠军。

  咦，太奇怪了，为什么他们能跑得那么快，难道他们天生就是长跑冠军吗？来，同学们，让我们一起来探究一下吧！

  很多人试图用生活地点的海拔高度、饮食结构和贫困来解释肯尼亚人在长跑方面所取得的巨大成就，但这些似乎都无法解释卡兰金部落的突出表现。还有一种说法是，卡兰金部落有一种特别适合长跑的基因，但这种说法至今并未通过科学论证。

  到目前为止，人们所能找到的，关于卡兰金部落基因学说的科学依据，只有瑞典生理学家本特·萨尔丁的实验结果：他曾于 1990 年到肯尼亚西部地区，对当地十几个卡兰金人做了跑台测试和肌肉组织检查。结合南非人蒂姆·诺克斯的研究结果，萨尔丁总结出了以下几条：

第一，与欧洲运动员相比，肯尼亚高水平运动员的四头肌肌肉纤维周围有更多的毛细血管，肌肉纤维内有更多的线粒体。

第二，肯尼亚运动员的肌肉纤维比瑞典运动员细，可以使线粒体更接近周围肌肉纤维的毛细血管，这样有利于将氧气从毛细血管输送到线粒体，从而提高氧气的使用效率。

第三，在高强度训练和比赛之后，肯尼亚运动员体内产生的氨要比瑞典运动员和其他运动员少得多。他们的肌肉中似乎含有更多燃烧脂肪，消耗糖元和蛋白质的酶。而消耗糖元和蛋白质是提高耐力的最好方式之一。

尽管高水平肯尼亚运动员的最大摄氧量可能不比欧洲运动员大，但是他们的乳酸阈要比欧洲人高。这种差别与人的基因无关，主要是由生活方式和训练方式的差异造成的。年轻时因上下学在起伏山地的奔跑提高了肯尼亚人的跑步效率，成年以后接受的高强度训练提高了他们的乳酸阈，也使他们的身体适应了职业比赛的需要。同时，长时间在软地面上跑步，既降低了受伤的概率，又提高了抗伤病的能力。

除了上述的身体原因之外，还有几点外在的因素：

第一，外国经纪人的成功运作保证了肯尼亚运动员的参赛频率；

第二，家庭的支持使得运动员可以长时间离家训练和比赛；

第三，肯尼亚的训练中心具有运动员所适应的气候、海拔、地形和食物，同时还有肯尼亚运动员内部产生的互相激励和竞争的气氛；

第四，前辈在跑道上创造的辉煌给运动员带来的民族自豪感；

第五，与非洲运动员，尤其是和摩洛哥及埃塞俄比亚运动员之间的竞争；

第六，金钱的诱惑。

安德森曾经警告说，不要过多地夸大基因差异的因素，人们更应该看到肯尼亚运动员的刻苦训练和他们的取胜欲望。事实上，人们可以从一些高水平的非洲运动员身上学到很多东西。至少，非洲的训练模式和欧美的训练模式就有很大不同。

每个非洲运动员都有一个准备期，就是在学生时代上下学的跑步；而欧美的运动员则似乎是在较大年龄时直接进入高强度比赛，缺乏一个力量培养的时期。从生理学的角度来讲，非洲运动员的高强度训练与放松相结合的训练模式比欧美运动员循序渐进的模式更合理。与持续加压相比，在高强度的训练之后有一个恢复期，能使人体更好地达到最优的机能。

总而言之，肯尼亚人能在长跑运动上有如此天赋，并取得如此伟大的成就，是基因遗传、环境和文化因素联合作用的结果。当然，他们在长跑上有着天生的优势，但更重要的，还是他们自己后天的努力。我们应该看到，他们的文化强调自制和进取；基普·凯诺以及其他先驱的辉煌成绩为年轻人树立了榜样；再加上现代田径赛事所提供的诱人奖金，为肯尼亚人提供了一份不菲的收入等。几乎肯尼亚社会生活的每一个方面都促使肯尼亚人（男性）在运动上取得伟大的成就。

卡兰金部落的特殊成绩更是能说明这些问题，事实上，他们几乎人人都是禁欲者，训练时都格外卖力。在未接受过教育的卡兰金部落的青少年中，大多数孩子喜欢个人项目的体育运动，而不是足球之类的团队运动，这也正是长跑所需要的。

牛顿的科学百宝箱

"Wow，还有更多有意思的事情，跟我来吧！"

音乐中的速度

速度，即快慢，在音乐中代表着很重要的意义。一首曲子中，哪个部分该用多快的速度来演奏，哪个部分该用多慢的速度演奏，才是真正乐曲所需要的速度。

假如一段旋律本该用 60 的速度吹奏，却用 120 的速度来吹奏，那么吹出来的效果就可想象了。速度还可以代表某一句中某个音的处理技巧。比如一个指颤音到底该打多快，一个花舌到底该吹出多快等，通常情况下，乐曲中会标明"慢板""快板""中速"等，而最难把握的地方其实是一些乐曲中的自由部分。对于吹奏唢呐来说，技巧可以练，但如何把握一段没有标记速度的旋律是很困难的。

其实并没有严格的要求说自由的旋律该怎么处理，就看个人的音乐理解和处理风格是什么样子的。在平时的吹奏中，吹奏者会接触很多开头或中间部分为自由速度的曲子，不同风格的乐曲在处理自由节奏的时候对速度的把控是不同的。

牛顿考考你

"我相信你也是科学高手，你会做下面的题目吗？"

1. 一只美洲豹在平直的高速公路上奔跑，它从早上 9:00 一直跑到中午 11:30，一共跑了 200 千米，你能算出这只美洲豹的平均速度吗？（   ）。

　　A. 50 千米 / 小时　　　　　　　B. 65 千米 / 小时

　　C. 80 千米 / 小时　　　　　　　D. 90 千米 / 小时

2. 小明家到学校的路程是 1500 米，他骑自行车的平均速度是 15 千米 / 小时，他骑车上学要花几小时？（   ）。

　　A. 1 小时　　　　　　　　　　　B. 10 小时

　　C. 6 分钟　　　　　　　　　　　D. 30 分钟

3. 一列车长 150 米，以 36 千米 / 小时的速度匀速穿过一条隧道。坐在火车上的乘客用秒表测出他从进入隧道到离开隧道经历的时间是 12 秒，隧道的长度是（   ）。

　　A. 1.44 千米　　　　　　　　　　B. 2 千米

　　C. 3.6 千米　　　　　　　　　　D. 1.8 千米

第二章　有快有慢的速度

在动物王国里，流传着这样一个故事：一只小蜗牛为了吃藤上的葡萄，从春天就开始爬树，直到秋天葡萄成熟时，它才爬上了葡萄架。费了近一年时间才到达目的地，是路途太遥远，还是蜗牛爬行的速度太慢了呢？

还有一个故事：炎热的草原上猎豹追赶着野兔，开始时野兔几次逃脱了追捕，但是后来，因为体力耗尽，野兔越来越疲惫，奔跑的速度也越来越慢，最终被猎豹捕获了。

这两个故事告诉我们，速度并不是一个恒定值，不同的物种又有着不同的速度，那么到底速度的快慢由什么来决定？在我们生活的世界里，什么的速度最快，什么的速度最慢？答案尽在这一章里！同学们一起去看看吧。

第一节　我们的日常速度

牛顿如是说

你若想获得知识，你该下苦功；你若想获得食物，你该下苦功；你若想得到快乐，你也该下苦功。因为辛苦是获得一切的定律。

我先来提个脑筋急转弯，什么交通工具速度越慢越让人恐惧？

很多同学肯定已经知道了，答案就是正在飞行的飞机。因为正常情况下，飞机以较高的速度在空中飞行，而除了起飞和落下，一旦飞机的速度大幅降低，则说明飞机出了故障，很有可能发生极大的灾难。

由此延伸开来，同学们能说出多少种自己知道的交通工具呢？大家又是否了解交通工具的发展史呢？

如果大家都不知道，那就让我带领大家一起来学习一下吧！

最原始的交通工具——那肯定是人的双脚无疑了。

后来人们学会了骑马。据考证，4000多年前，人类就已经学会了驯养马。15世纪之后，马被欧洲殖民者带到美洲和澳洲。但是骑在马背上，享受速度的同时，人们又对舒适性有了要求。于是人类开始用驯养的马和驴子等，作为乘坐工具的助力——马车（驴车）诞生了。

与此同时，轿子和帆船也作为交通工具与畜力交通工具长期并存着。事实上，对水上运输来说，船可谓是历史最为悠久的工具，甚至可以这么说，有了人类，就有了船，原始的木筏就是最古老的船。也正是有了船，人类才征服了河流、湖泊和海洋。

作为陆地上最主要的运输工具，马车（驴车）一直持续了数千年，直到蒸汽时代到来，它才终结了自己的使命，

柴油机、汽油机都是内燃机时期的产物，有了它们，我们就有了汽车、摩托车、拖拉机等交通工具。现在，大部分机动车辆的动力仍然都是内燃机。

随着时代的发展，飞机、油轮、轻轨……种种新型交通工具纷纷登上了历史舞台。

简单总结一下交通工具的发展历史：

陆地：徒步－马－马车－自行车－摩托车－汽车－火车

水上：人力板船－风力帆船－汽船、轮船

空中：滑翔机－飞机－火箭－宇宙飞船

显然，人们发明多种多样的交通工具，就是为了缩短出行时间，减轻旅途疲惫，方便生活。现在，问题来了，有没有同学知道，人们日常走路、骑自行车、坐出租车、坐公交车、乘火车、坐飞机时，速度大约都是多少呢？

一般情况下，走路的速度是5千米/时；自行车的速度是15千米/时；出租车的速度是60千米/时；公交车的速度是40千米/时；火车的速度是80千米/时；飞机固定翼的速度500～3600千米/时；直升机的速度是100～200千米/时。

同学们记住了吗？

牛顿考考你

"我相信你也是科学高手，你会做下面的题目吗？"

1. 我们平常所说的卡车的速度是 40 千米／时，这是指（　　）。
   A. 卡车做匀速运动时的速度
   B. 卡车在行驶过程中最快的速度
   C. 卡车在行驶过程中某一时刻的速度
   D. 卡车在行驶过程中的平均速度

2. 速度是 40 千米／时的运动物体可能是（　　）。
   A. 行人　　　　　　　　　B. 卡车
   C. 飞机　　　　　　　　　D. 人造卫星

3. 火车速度为 72 千米／时，汽车速度为 18 米／秒，则（　　）。
   A. 火车速度大　　　　　　B. 汽车速度大
   C. 两者速度一样大　　　　D. 无法确定

第二节　有趣的高脚竞速运动

牛顿如是说

聪明人之所以不会成功，是由于他们缺乏坚韧的毅力。

　　什么是竞速运动？简单说来，就是以速度、时间为基准的运动。最典型的代表就是跑步、竞走、赛艇……但是今天，我来跟同学们说说另一种有趣的竞速运动——高脚竞速吧！

高脚竞速，俗称"高脚马"，又称"竹马"，它最初是一项深受土家族人民喜爱的民族传统体育项目。2003 年之前，它一般被作为表演项目。2003 年，在第七届全国少数民族传统体育运动会上，高脚竞速首次被列为竞赛项目，由此被推广开来。

　　由它的俗称同学们不难看出，它使用的比赛器具为竹子制成的代步工具。但同时，它又是一项比速度、拼耐力的激烈运动。

　　经常参加高脚竞速，能够增强中枢神经系统的功能，提高人体的基本活动能力，特别是在改善维持身体平衡的前庭器官的稳定性，以及提高速度、力量、耐力、协调能力等身体素质方面，起着积极的作用，同时还能培养勇敢、顽强的意志品质和坚忍不拔的斗志，有助于身心全面发展。因此它是一项具有很高锻炼价值和艺术价值的传统体育活动。

　　了解了这些，同学们是不是很想玩玩这种运动呢？来，现在就让我们开始吧。

　　首先，同学们要找到一个合适的场地，不妨在标准的田径场上进行。场地线宽为 5 厘米，跑道分道宽为 2.44～2.5 米。如果是接力比赛还要有接力区：接力线宽 5 厘米（虚线），前后 5 米处各画一条直线（实线）。

　　然后，准备器材，也就是脚杆（简称杆）。通常高脚杆用竹、木或者其他硬质材料制成。高脚杆高度不限，从杆底部向上 30～40 厘米处加制踏镫，踏镫高度的丈量从杆底部至踏镫与杆支点的上沿距离为准。

　　召集一些同学之后，大家就可以开始比赛了。

　　竞赛形式：

　　高脚竞速可以分为个人赛和接力赛两大类。

　　1. 个人赛。

　　(1) 起跑口令：

　　①"各就位"，运动员上跑道，将两根高脚杆立于起跑线后，杆底部不得触及或超过起跑线。

　　②"预备"，运动员以任何一只脚上踏镫，另一只脚必须立于起跑线后的地面，做好起跑的最后准备。

　　③"鸣枪"，运动员听到枪声后，另一只踏地的脚方可踏上踏镫向前跑进。

（2）途中跑：

运动员在比赛过程中，如果出现脚触地，须在落地处重新上踏镫继续比赛。

（3）终点撞线：

以高脚或运动员身体任何部位抵达终点线后缘垂直面瞬间为止，运动员的身体和高脚杆必须全部通过终点线后才能分离。

2. 接力赛。

接力区：高脚竞速的每个接力区长度为 10 米，在中心线前后各 5 米，交接的开始与结束均从接力区分界线的后沿算起。要求：

（1）接力赛采用一副高脚杆进行比赛，运动员交接高脚杆后继续跑进。

（2）混合接力赛的 1、4 棒为男队员，2、3 棒为女队员。

（3）队员必须在接力区内完成交接。

（4）完成交接的队员应停留在各自的分道或接力区内，直到跑道畅通方可离开。

（5）参加接力赛的运动队须在上一赛次前上报运动员接力顺序。

（6）每队服装必须统一。

怎么样，这个运动很有趣吧。不过有一点我必须提醒同学们注意，玩的过程中千万要注意安全啊！

牛顿的科学百宝箱

"Wow，还有更多有意思的事情，跟我来吧！"

分子运动论

分子运动论由物质的微观结构出发，阐述了热现象规律。它的基本内容是：

1. 物体是由大量分子组成的，组成物体的分子永不停息地在做无规则运动。分子之间存在相互作用力。大量分子无规则的运动被叫作分子的热运动。

2. 实际上，构成物质的单元是多种多样的，可以是原子（金属），可以是离子（盐类），也可以是分子（有机物）。由于在热力学中，这些微粒做热运动时遵从同样的规律，所以统称为分子。

无数客观事实都说明了运动论的正确性。它能很好地解释各种不同物质的结构和特点，以及所有的热现象，并把物质的宏观现象与微观本质联系起来。

 牛顿考考你

"我相信你也是科学高手，你会做下面的题目吗？

1. 体育考试中，甲、乙两个同学跑 1000 米所用的时间分别是 3 分 30 秒和 3 分 50 秒，则（　　）。

  A. 甲同学的速度大

  B. 乙同学的速度大

  C. 甲、乙两个同学的速度相同

  D. 无法比较谁的速度大

2. 一列队伍长 50 米，行进速度 2.5 米／秒，经过一座 100 米的涵洞，当队伍全部穿过涵洞时，总共需要（　　）。

  A. 60 秒　　　　　　　　　B. 40 秒

  C. 50 秒　　　　　　　　　D. 80 秒

第三节 动物的速度大赛

牛顿如是说

胜利者往往是从坚持最后五分钟的时间中取得成功的。

　　动物是人类的伙伴，与我们生活在同一个地球上，一直是我们关心的对象。动物的速度更是让我们着迷，可是天上飞的、地上跑的、水里游的，自然界那么多种动物，同学们对它们的速度究竟了解多少呢？

　　让我们一起来了解一下吧：

序号	名称	类型	运动方式	速度（千米/小时）
1	袋鼠	哺乳动物	奔跑	56
2	猎豹	哺乳动物	奔跑	110
3	灵提犬	哺乳动物	奔跑	64
4	马	哺乳动物	奔跑	60
5	猫	哺乳动物	奔跑	55
6	犀牛	哺乳动物	奔跑	45
7	野牛	哺乳动物	奔跑	48
8	鸸鹋	鸟	奔跑	50
9	鸵鸟	鸟	奔跑	72
10	蜂鸟	鸟	飞行	76
11	鸽	鸟	飞行	46
12	褐雨燕	鸟	飞行	322
13	尖尾雨燕	鸟	飞行	353
14	军舰鸟	鸟	飞行	416
15	欧绒鸭	鸟	飞行	76

16	小丘鹬	鸟	飞行	8
17	游隼	鸟	飞行	180
……	……	……	……	……

说了这么多种动物速度，同学们有没有想过，作为高级动物的人类，我们的速度和普通动物们相比有优势吗？

我们或许都曾惊呼过牙买加飞人博尔特速度惊人，是"非人类"，毫无疑问，他确实是地球上跑得最快的人类代表。但细细算来，与动物相比，他的速度却是很一般的。

不信？那就让我们把博尔特令人惊叹的 9 秒 58 的新纪录折算一下，他的平均时速应该为 37.57 千米。

再来看看动物们，据科学家统计，野猪的平均时速可达 40 千米，猎犬最快甚至能达到 60 千米／小时。退一步，即便只和两条腿的动物 PK，博尔特也丝毫占不到任何便宜，非洲鸵鸟时速高达 60 千米，博尔特绝对是难以望其项背的。

一定要比，博尔特的速度，大概只能和两栖类冠军——太平洋棱皮龟不相上下。

其实，人和动物 PK 的事例时有发生，但敢于亲身实践的飞人们大都以失败告终。当年，曾经是世界上跑得最快的加拿大飞人本·约翰逊，就进行过一场别出心裁的"人马大战"，结果同一时间内，马儿跑了 100 米，飞人只跑了 80 米，约翰逊惨败。

若说世界上最喜欢和动物 PK 的人，莫过于 200 米奥运冠军、美国飞人肖恩·克劳福德，这个绰号为"猎豹男"的飞人堪称战胜动物第一人。他曾在 2003 年同长颈鹿比赛，后者的平均时速为 20 多千米，当然不是克劳福德的对手。因此，克劳福德信心大增，又开始同斑马进行百米大战。第一枪时，克劳福德一路领先，不料冲刺速度惊人的斑马后来居上，以微弱优势击败了这位"200 米王"。克劳福德心有不甘，声称斑马抢跑，从慢镜头看，隔着铁栏杆另一侧的斑马的确抢跑了。于是又进行了第二轮比赛，没想到，这一次斑马发挥更为出色，完美胜出。失败后的克劳福德大喊道："以后我再也不会和动物比赛，我只和人类比赛！"

所以，同学们千万不要小看了动物们的速度哟！

牛顿考考你

"我相信你也是科学高手，你会做下面的题目吗？"

1. 某自动扶梯用 20 秒可将站立于梯上的人送上楼，扶梯不动时走上去要 30 秒，人沿运动的扶梯走上去需要时间（　　）。

    A. 50 秒　　　　　　　　　　B. 10 秒

    C. 12 秒　　　　　　　　　　D. 20 秒

2. 一物体做匀速直线运动，当它通过 45 米的路程时用了 30 秒的时间，那么它前 15 秒内的速度为（　　）。

    A. 0.5 米 / 秒　　　　　　　　B. 1.5 米 / 秒

    C. 2 米 / 秒　　　　　　　　　D. 3 米 / 秒

3. 某学校操场外一幢高楼离跑道起点 170 米，同学们在跑步训练时，回声导致发令员先后听到两次发令枪声，若声音在空气中的速度为 340 米 / 秒，那么听到两次发令枪声的时间间隔约为（　　）。

    A. 0.5 秒　　　　　　　　　　B. 1 秒

    C. 30 秒　　　　　　　　　　D. 60 秒

第四节　顶级竞速运动——F1

牛顿如是说

不管任何环境下，要守住耶稣基督救赎的真理与最大诫命——爱人如己。

之前我和同学们一起了解了那么多竞速运动，但是说到竞速运动，最不能错过的，当然是世界上顶级的竞速运动之一——大名鼎鼎的F1了。

F1 是 FIA Formula One Grand Prix Championship 的缩写，中文全称为一级方程式赛车世界锦标赛。它影响范围极广，知名度极高，与世界杯足球赛、奥林匹克运动会，并称为"世界三大运动"。

F1 是世界上速度最快、科技含量最高的运动，也是商业价值最高、魅力最大、最吸引人的体育赛事。它包含了空气动力学、无线电通讯、电气工程等世界最先进的科技技术。事实上，很多新科技最初都是在F1上开始实践的。

"F"是"Formula"的缩写，即方程式；"1"的解释有很多，可以理解为顶尖车手、顶级赛事、顶级奖金等。可能有的同学会比较迷惑，赛车和方程式有什么关系呢？是因为精确吗？事实上，数学中的方程式本身并无"精确"的意思。这个名称的由来是一个翻译的错误，其本意应为"规格"，即统一规格的赛车，因级别最高，故称F1。但时至今日，这个翻译大家耳熟能详，也就没人再去深究了。

F1 世界锦标赛由国际汽车联合会于 1950 年第一次举办，之后每年举行一次。英国人伯尼·埃克莱斯通是其"掌门人"。参赛选手按积分多少决出当年的 F1 车手总冠军，车手总成绩最高的车队则获得年度车队总冠军。

F1 的发展路程并非一帆风顺，它同样经历了起步—转折—成熟—竞争。同时，科技也在 F1 赛事中发挥着越来越重要的作用。

20 世纪 90 年代，F1 最大化地应用了飞速发展的科技。1993 年，普罗斯特最后一个车手总冠军年里，塞纳驾驶的赛车成为 F1 有史以来最先进的赛车。赛车装备了防抱死制动系统（ABS）、循迹控制系统还有电子控制的悬吊系统。

但 1994 年，F1 禁用了以上用以提高车速的驾驶辅助系统，F1 赛车又回到了原来的基本构造。同年，塞纳在圣马力诺大奖赛上意外丧生。

塞纳死后，国际汽联紧急启动了一年一次的安全评估项目。自此之后，F1的规则制定中格外重视安全问题，很多规则都是为了降低车速。如 1998 年，规定在干地轮胎加开 4 条凹槽，以减小轮胎抓地力。另外，提高安全的科技研发也出现了新成果，例如车手头颈保护系统（HANS），它已经在 2003 赛季被使用。这不但受到了车手和车队的好评，也大大降低了事故率。事实上，在塞纳去世以后，直到目前为止，F1 赛场上再也没有出现过车手死亡的事故。

塞纳走后，德国车手迈克尔·舒马赫（Michael Schumacher）逐渐成为了 F1 的新车王。他在加入 F1 的第四年，即 1994 年获得了第一个世界冠军。1995 年为贝纳通车队卫冕成功。1996 年，他转入状态不是很好的法拉利车队，并终于在 2000 年为法拉利车队赢得了时隔 21 年的世界冠军，红色战车再次开始了传奇战绩。如今，舒马赫已经是 7 次世界冠军的得主、91 次分站赛冠军的得主，超越了以前所有车手的战绩。

F1 走过了 50 余年，其间，智慧、勇气、冷静、坚持、挑战、激情、梦想、成功和失败交织其中。赛道上的欢喜、失望、竞争、合作一直吸引着人们的眼光，同时，F1 的迷人与危险又是它永恒的矛盾。

F1 的魅力，与它的速度密不可分。正是那极致的速度，让人热血沸腾，跃跃欲试。

 牛顿考考你

"我相信你也是科学高手，你会做下面的题目吗？"

1. 继塞纳之后，哪位车手逐渐成为 F1 的新车王？（　　）
   A. 迈克尔·舒马赫　　　　B. 伯尼·埃克莱斯通
   C. 普罗斯　　　　　　　　D. 塞纳

第五节　速度，战斗机的重要指标

牛顿如是说

我始终把思考的主题像一幅画般摆在面前，再一点一线地去勾勒，直到整幅画僵僵地凸显出来。这需要长期的安静与不断的默想。

之前我们曾说过，作为高级动物的人，其速度比很多动物都慢。但是没关系，人和动物的最大区别，就是人会创造工具。借助工具，人类可以大大提高速度。而在人们制造的工具中，有"速度之王"之称的，正是飞机中的战斗机。

战斗机旧称驱逐机，它的特点是机动性好、速度快，空中战斗力强。它的首要任务是与敌方战斗机进行空战，夺取空中优势（制空权），其次为拦截敌方轰炸机、攻击机和巡航导弹。

过去，根据执行任务，战斗机又可以分为歼击机和截击机。截击机的主要任务是快速升空之后争取高度，在敌人的轰炸机进入我方空域之前将其摧毁。由于截击机是针对高飞行高度的轰炸机群，所以在设计上特别强调对速度和爬升率的需求，运动性则摆在较为次要的地位。

第二次世界大战结束之后，鉴于原子弹的摧毁威力，截击机的发展一度成为许多国家与传统歼击机同等重要的机种。不过在导弹逐渐发展成熟并被大量配备之后，截击机的功能往往可以经由传统歼击机加上导弹来满足。因此现在趋向于不再专门发展截击机种，而是以现役的歼击机机种同时担负拦截任务。

世界上公认的第一架真正意义上的战斗机，是法国的莫拉纳·索尔尼爱L型飞机。它装备了法国飞行员罗兰·加洛斯的"射击断续器"，稍微解决了飞机在机载机枪射击时被螺旋桨干扰的难题，这也使飞行员第一次可以在专心驾驶飞机的同时去攻击对方，而不需要另外配备机枪手。虽然这个系统会造成子弹的射速变慢，但这种设计后来在德国空军的手上曾经大放异彩。

当前，战斗机的发展前景极为乐观，因为它应用了许多最新的科技成果，其中应用最广的，自然是隐身技术。

"隐身"是用于描述"减少目标特征信号"的一个专用术语，飞行器的隐身方式，主要是缩减目标的雷达散射截面，降低发动机排气口的红外辐射等。隐身技术不仅决定了作战飞行器的生存能力，还是确保战争中先敌发现、先敌攻击的重要条件。隐身技术的出现和应用是航空和电子战领域中的一大突破。随着新型隐身材料的出现，以及新的隐身机理的提出，现在战斗机的隐身能力已经达到了一个很高的水平。

当然，要成为一架优秀的战斗机，还有一个重要参数。对，同学们说得没错，正是速度。

速度对于一架战斗机的意义，想必在了解它的作用后，就不用多说了吧。想想看：假如一架战斗机的速度达不到，它又如何能够躲避炮弹？如何能够追击敌人呢？

牛顿考考你

"我相信你也是科学高手，你会做下面的题目吗？"

1. 航空母舰是一种可以供军用飞机起飞和降落的军舰。蒸汽弹射起飞就是使用一个长平的甲板作为飞机跑道，起飞时一个蒸汽驱动的弹射装置带动飞机在两秒钟内达到起飞速度，目前只有美国具备生产蒸汽弹射器的成熟技术。某航空母舰上的战斗机起飞过程中的最大加速度 $a=4.5$ 米／秒^2，飞机要到达速度 $V_0=60$ 米／秒才能起飞。航空母舰甲板长为 $L=289$ 米，为使飞机安全起飞，航空母舰应以一定速度航行以保证起飞安全，航空母舰的最小速度 v

（假设飞机起飞对航空母舰的运动状态没有影响，飞机的运动可看成匀加速直线运动）为（　　）。

    A. 31.6 米／秒　　　　　　B. 10 米／秒

    C. 19 米／秒　　　　　　　D. 9 米／秒

第三章　速度组成的世界

在我们的生活中，同学们是否发现过这样一个奇怪的现象？当你坐在汽车中，突然觉得车子在后退时，很可能实际上车子还是原地不动的，只是因为旁边的车子在前进，给你造成了错觉。借用诗歌描述即为：竹筏江中游，青山两岸走。

奇怪，明明走的是竹筏，为什么诗句中却成了青山呢？

其实，这一切错觉都来源于速度，变幻莫测的速度让我们的世界变得格外神奇。这一章里，就让我带领大家一起体验坐地日行八万里的不可思议，以及久远的恒定光速吧。

第一节　竹筏江中游，青山两岸走

牛顿如是说

我的心经常是认真与安静，不陷入忧郁。

同学们，在讲原理之前，请大家先来做几道题吧！

例1　"朝辞白帝彩云间，千里江陵一日还。两岸猿声啼不住，轻舟已过万重山。"这是唐代诗人李白《早发白帝城》中的诗句。从物理学的角度看，分别以高山和小舟为参照物，则舟中的人是（　　　）。

A. 运动　运动　　　　　　　B. 静止　静止

C. 静止　运动　　　　　　　D. 运动　静止

例 2 甲、乙两列火车在两条平行的铁轨上匀速行驶，两车交会时，甲车座位上的乘客从车窗看到地面上的树木向北运动，看到乙车向南运动。由此可判断（　　）。

　　A．甲、乙两车都向南运动

　　B．甲、乙两车都向北运动

　　C．甲车向南运动，乙车向北运动

　　D．甲车向北运动，乙车向南运动

例 3 五一节，爸爸驾车带楠楠去南滨路海洋公园游玩，途经长江大桥。车行驶在桥中央时，爸爸问楠楠："为什么我们看到桥两边的路灯在不停地后退呢？"楠楠告诉爸爸："这是因为我们选择了 ＿＿＿＿＿＿＿ 为参照物。"

这些题目大家会做吗？我们一起来分析一下吧！

例 1 【分析】诗中描写了诗人乘舟在江水中驶过的情景，被研究的人处于小船上，所以人相对于高山来说，"轻舟已过万重山"，其位置在发生改变，故是运动的；人相对于小舟来说，它们之间的位置没有发生改变，故人是静止的。

【答案】D。

【点拨】解决这类问题，首先要明确研究的对象是谁，然后看该对象相对于选定的参照物位置是否有所改变。如果位置改变，研究的对象就是运动的；如果位置没有改变，研究的对象就是静止的。

例 2 【分析】"树木向北运动"，是相对于甲车上的乘客而言的。如果以地面为参照物，甲车必定向南运动。甲车座位上的乘客又看到乙车向南运动，也是以乘客为参照物。所以以地面为参照物，乙车也是向南运动，而且乙车向南运动的速度比甲车还快。

【答案】A。

【点拨】判断物体的运动方向，往往必须先弄清以地面为参照物时的运动情况，然后再进行比较。

例 3 【分析】桥两边的路灯相对于地面肯定是静止的，"看到路灯在不停地后退"说明路灯相对于某一个物体的位置在改变，这个物体就是行驶的车辆或者车中的人。

【答案】行驶的自驾车（或者自己）。

【点拨】在选定参照物时，一般应该首先确定被研究的物体是运动还是静止，被研究的物体相对于哪一个物体位置在改变，这另一个物体就是要找的参照物。

大家发现了吗？例1是利用参照物来判断物体的运动与静止，例2是利用参照物来判断物体运动的方向，例3是根据物体的运动和静止来判断所选择的参照物。

现在向同学们提一个问题，刚刚我们一直使用一个名词——参照物，你们知道什么是参照物吗？

其实很简单，用来判断一个物体是否运动的另一个物体，就叫作参照物。一个物体，无论是运动还是静止，都是相对于某个参照物而言的。

电影《闪闪的红星》主题歌的前两句歌词是"小小竹排江中游，巍巍青山两岸走"，就涉及了参照物。第一句话中，我们观察的对象是"竹排"，若以另一物体"青山"作标准，竹排是运动的（江中游），所以青山是参照物；在第二句话中，我们观察的对象是"青山"，若以另一物体"竹排"作标准，青山是运动的（两岸走），所以竹排是参照物。

竹筏江中游，青山两岸走，体现的正是事物的相对运动。没有绝对静止的事物，事物是否运动，完全取决于如何选择参照物。

最显著的例子莫过于地球，事实上地球一直都在运动，但人们之所以觉得它没有动，只是因为以自己为参照物，可是相对于太阳来说，它一直在运动。这样解释，同学们是不是明了很多？

牛顿的科学百宝箱

"Wow，还有更多有意思的事情，跟我来吧！"

诺贝尔奖

诺贝尔奖是世界上最著名的、学术声望最高的国际大奖。它是根据瑞典著名化学家阿尔弗雷德·贝恩哈德·诺贝尔（1833—1896）的遗嘱，以其部分遗产作为基金所创立的。

诺贝尔是近代炸药的发明者，他也因此获得了巨大的财富。1896年12月10日，诺贝尔在意大利逝世。逝世的前一年，他在法国巴黎的瑞典-挪威人俱乐部上留下了遗嘱。在遗嘱中他提出，将其部分遗产（约920万美元）作为基金，以其利息分设物理、化学、生理或医学、文学及和平5种奖金，分别授予世界各国在这些领域对人类作出重大贡献，或做出过杰出研究、发明以及实验的人士。

1900年，瑞典政府批准设立诺贝尔基金会，并于次年首次颁奖。1968年，瑞典中央银行决定提供资金，增设诺贝尔经济学奖奖项。该奖项于1969年开始颁发。

2012年，中国作家莫言获得了诺贝尔文学奖。

牛顿考考你

"我相信你也是科学高手，你会做下面的题目吗？"

1. 在南北朝时期，有位诗人曾写下这样一首诗："空手把锄头，步行骑水牛；人在桥上走，桥流水不流。"其中"桥流水不流"之句应理解成其选择的参照物是（　　）。

　　A. 水　　　　　　　　　　B. 桥

　　C. 人　　　　　　　　　　D. 地面

2. 关于参照物，下列说法正确的是（　　）。

　　A. 任何情况下，都应该选地面为参照物

　　B. 看到月亮在云中穿行，是以月亮为参照物

　　C. 看到五星红旗徐徐升起，是以旗杆为参照物

　　D. 杨利伟在飞船中感到舱内物体静止，是以地球为参照物

3．在匀速运动的火车上，某乘客说车厢小桌上茶杯是静止的，则他选的参照物是（ ）。

    A．从乘客旁边走过的乘务员

    B．车厢内放茶杯的小桌

    C．铁路旁的树木

    D．铁路旁的建筑物

第二节　速度的相对性

牛顿如是说

光以迫切祷告祈求上帝的祝福，来取代自己所该付出的努力，是一种不诚实的行为，是出于人性的懦弱。

    同学们，世界之大，无奇不有，大家肯定都听说过不同的奇闻逸事。今天，我也有一个故事要说给大家听。

    首先我想问问大家，在武器装备中，最常见的、杀伤力又极强的是什么呢？没错，就是子弹，被子弹打中的疼痛大家几乎是不可想象的。可是世界上，却有一个人，他徒手抓住了子弹！

    听起来很像天方夜谭吧？别着急，这一节我带领大家一起去拜访一下这位了不起的人物吧。

    那是第一次世界大战期间，一位法国飞行员在 2000 米高空飞行时，发现脸旁有一个什么小玩意儿在游动着。开始时他认为这不过是一只小昆虫，便敏捷地一把将它抓了过来——好了，结局你一定已经清楚了，那居然是一颗德国子弹！

    在大家耳熟能详的敏豪生伯爵的故事里，那位主人公据说曾经用两只手捉住了正在飞的炮弹，当然那不过是个童话故事，但为什么这位法国飞行员却会有相似的能力呢？

他具有超能力？当然不是！一颗子弹并不是始终以800～900米/秒的初速度飞行的。由于空气阻力，子弹的速度会逐渐降低，在它的路程终点，即跌落前，子弹的速度一般只有40米/秒。这个速度是普通飞机也可以达到的。换言之，当飞机与子弹的方向和速度相同时，这颗子弹对于飞行员来说，就相当于静止不动，或者只是略略有些移动的。那么，一把抓住自然没有丝毫困难了

由此我们可以引申出一个物理名词：相对速度。

什么是相对速度呢？

上一节中我们说过参照物，参照物不同，速度往往是不一样的。以地面为参照物测量的速度，称为绝对速度；以非地面参照系为参照物（例如空气）所测量的速度，则被称为相对速度。

举例来说，你在以每小时10千米的速度跑步，10千米/小时就是你的绝对速度。假设旁边有个人用5千米/小时的速度和你往同一方向走，他看着你的时候，你对于他而言的相对速度就是5千米/小时。如果这个时候，你迎面来了一个人，同样以5千米/小时的速度走，那么你对于这个人的相对速度就是15千米/小时。

这种相对某个运动的参照物而言的速度，就是相对速度。同理，相对于静止物体做参照物的速度，就是绝对速度。

运动是绝对的，静止是相对的，宇宙间所有的物体都在运动。所以我们说某物体静止，一定是指它相对于某个参照物是静止的。

选好参照物后，任何相对于这个参照物的运动，都可以叫作相对运动。其位移被称为相对位移，其速度被称为相对速度，其加速度被称为相对加速度。

有的同学可能会说，通常我们研究一个物体的运动时，并不会特意强调该物体的位移（或速度、加速度）是相对于哪个参照物的。那是因为我们有一个约定：当我们以地球（或地面）为参照物时，可以不指明参照物是谁。但是，当我们以其他物体作为参照物时，就一定要说清楚谁是参照物，或者说某物体相对于谁的（相对）位移或（相对）速度是多少。

以小船渡河为例来说明一下：

　　小船渡河的问题，就是讨论船、水、岸三者之间相对运动的关系。其中，船相对于岸的运动就是船相对于水的运动和水相对于岸的运动的合运动。通常，我们把船相对于岸的速度叫作船的绝对速度，把船相对于水的速度叫作船的相对速度，而水相对于岸的速度则叫作牵连速度。于是上述三个相对运动的速度关系也可以概括地表述为：绝对速度＝相对速度＋牵连速度。由于速度为矢量，这个式子为矢量式，即遵循平行四边形实则，若三个速度在一条直线上，则相对运动速度与牵连速度方向相同时取"＋"号，方向相反时取"－"号。

　　这样就很容易理解了吧。

牛顿的科学百宝箱

"Wow，还有更多有意思的事情，跟我来吧！"

纳米技术

　　如同毫米、微米等概念一样，纳米也是一个长度概念，它是一米的十亿分之一。不过这个概念并没有什么物理内涵。有些物质在到达纳米以后，例如在1～100纳米这个范围空间内，其性能会发生突变，呈现出既不同于原来组成的原子和分子，也不同于宏观物质的特殊性能。这样的物质构成的材料，被叫作纳米材料。必须注意，如果仅仅是长度达到纳米，却没有特殊性能，也不能被叫作纳米材料。

　　纳米技术的内涵非常广泛，它不仅包括纳米材料的制造技术，还包括纳米材料在各个领域，尤其是高科技领域应用的技术，也包括在纳米空间构筑一个器件来实现对原子、分子的翻切、操作，以及在纳米微区内对物质传输和能量传输新规律的认识等。随着科技的发展，纳米技术也有了长足发展。

牛顿考考你

"我相信你也是科学高手，你会做下面的题目吗？"

1. 太阳从东方升起，西边落下，是地球上的自然现象，但在某些条件下，在纬度较高地区上空飞行的飞机上，旅客可以看到太阳从西边升起的奇妙现象，这些条件是（　　）。

    A. 时间必须是在清晨，飞机正在由东向西飞行，飞机的速率必须较大

    B. 时间必须是在清晨，飞机正在由西向东飞行，飞机的速率必须较大

    C. 时间必须是在傍晚，飞机正在由东向西飞行，飞机的速率必须较大

    D. 时间必须是在傍晚，飞机正在由西向东飞行，飞机的速率不能较大

第三节　坐地日行八万里

牛顿如是说

毫无疑问，我们所看到的这个世界，其中各种形式是如此绚丽多彩，各种运动是如此错综复杂，它不是别的，而只能出于指导和主宰万物的上帝的自由意志。

同学们，如果我说我能在一天内"环游地球"，大家会不会哄堂大笑，认为我在吹牛？不过我可没有说谎，只是这里的"环游"并不是游览，而是指我们被地球带动着旋转了一周。那为什么这样的旋转并不会让我们感觉到眩晕呢？因为这个移动是相对的位移。以我们每天都能感受到的太阳的东升西落为例，其实太阳一直在它所在的地方没有移动，只是地球的旋转，带着我们的视平线远离然后又靠近了太阳，让我们误以为太阳的位置发生了变化。

今天我们就来说说这让我们"环游地球"的相对位移的科学原理吧。

前面的章节中我们讲述了相对速度、相对加速度以及相对位移的概念。

同样以小船过河为例，小船相对于河水的位移是相对位移，河水相对于河岸的位移以及小船相对于河岸的位移，都是绝对位移。值得注意的是：由于位移是矢量，它的合成必须遵守平行四边形定则。

我们在描述物体的运动时，首先必须选定参照物。因为不选择参照物，就无法判断物体是否运动和怎样运动。那么反过来，如果给出对某一物体运动状态的描述，你能正确指出所选的参照物吗？

不妨继续看看一天内"环游地球"的例子，其实，它还有种更通俗的说法——坐地日行八万里。这是毛泽东在《七律·送瘟神》中的诗句，本意是人坐地（不动），但每昼夜随地面运行八万里路程。现在问题来了，这里"日行八万里"的参照物是什么？是太阳还是地球？

想回答这个问题，首先我们要研究人相对于太阳的日行路程。把地球绕太阳一周的轨道近似看成圆，轨道半径 1 亿 5000 万千米，地球绕太阳一周按365 天计算，连接日地的半径每天绕过的圆心角约 1 度，于是地球运行的路程（弧长）$= 2\pi r/365 = 250$ 万千米 $= 500$ 万千米。即相对于太阳而言，地球上的人日行 500 万千米，而不是"八万里"。接下来，我们考察参照物为地球的位移。地球的概念太大了，人"坐地"（不动），相对地面是静止的，显然参照物不是地面；考虑到地球的自转，"坐地"的人相对于地心（地轴）的日行路程是多大呢？地球赤道半径约 6371 千米，地球自转一周，人行的路程为周长值：$2\pi r = 2\pi \times 6471$ 千米 $= 40100$ 千米。

没错，"坐地日行八万里"的参照物，正是地心，或者说是地轴。同时，这句诗也体现了物质运动的绝对性与静止的相对性的统一。

牛顿的科学百宝箱

"Wow，还有更多有意思的事情，跟我来吧！"

平均速度和平均速率

平均速度和平均速率一样吗？若不一样有什么区别呢？

当然不一样了，首先定义就不同：

平均速率是单位时间内的路程（经过的路线）；

平均速度是单位时间内的位移（这段时间内质点首末位置的向量）。

速率只有一个大小，是标量；速度除了大小还有方向，方向是此时轨迹曲线的切线方向，是矢量；

公式：平均速率＝路程／时间；平均速度＝位移／时间；

可能上面的定义和公式比较抽象，下面我举个例子：

你早上上学去学校，途中绕道去了个小吃店吃早饭，也就是说你先从 A 点到 B 点再到了 C 点，那么你的平均速率就是你一共走过的路线除以你用的时间；但平均速度则是你家到学校的向量（相当于连线）所用时间，也就是说，平均速度与我们到达的方式是无关的。

特别注意的是，速率是速度的大小，但平均速率不一定等于平均速度的大小，如果相等除了巧合之外就是我们是严格沿着位移向量走的。

牛顿考考你

"我相信你也是科学高手，你会做下面的题目吗？"

1. 与诗句"坐地日行八万里，巡天遥看一千河"最吻合的地点？（　　）。

   A. 40°N，120°E　　　　　　B. 1°N，120°E

   C. 90°N，120°W　　　　　　D. 40°N，120°W

2. 在小船过河的事例中，哪个位移是相对位移？（　　）。

   A. 小船相对于河水的位移　　B. 河水相对于河岸的位移

   C. 小船相对于河岸的位移　　D. 以上都是

第四节 恒定的光速

真理的大海，让未发现的一切事物躺卧在我的眼前，任我去探寻。

现实世界中，即使同一事情，其速度也不是一成不变的。随着年龄增长，同学们走路的速度会有变化；随着科技发展，火车的速度也发生了变化。但是，自然界中却有一种速度一直没变，大家知道是什么吗？

答案就是光速。

光速是什么？可能有的同学已经知道了。没错，光速是一个重要的物理常数，符号为 c（来自英语中的 constant，意为常数；以及拉丁语中的 celeritas，意为迅捷）。c 不仅仅是可见光的传播速度，也是所有电磁波在真空中的传播速度。

真空中的光速等于 299792458 米 / 秒（1079252848.8 千米 / 小时）。为什么说光速恒定不变呢？因为这个速度并不是一个测量值，而是一个定义。它的计算值为 299792500±100 米 / 秒。国际单位制的基本单位是米，它于 1983 年 10 月 21 日起，被定义为光在 1/299792458 秒内传播的距离。如果使用英制单位，光速约为 186282397 英里 / 秒，或者 670616629384 英里 / 小时，约为 1 米 / 纳秒。

那么大家一定很奇怪，为什么光速会是一个定义，会是恒定的呢？

其实这个理论至今并没有得到验证，它是一个大家公认的假设：不管观察者运动多快，他们应测量到一样的光速，他们所观察到的光速是恒定的。具备以上特点的宇宙就是被物理学家所证实的宇宙，这样的宇宙观可以简称为绝对光速宇宙观。

科学家们认为：我们所处的宇宙存在一个由大爆炸而开始的诞生点。在这一点上，既没有空间，也没有时间，是一个真正的无的状态。从这个无的起点，由大爆炸而使空间展开、时间开始。

由于光速的恒定，宇宙中并不存在绝对标准的时间。也就是说，每个观察者都有以自己所携带的钟测量的时间，而不同观察者携带同样的钟的读数不必要一致，没有哪一个时间参照系比另一个更优越。在宇宙中时间是完全相对的。

同时，我们不论往哪个方向看，也不论在任何地方进行观察，宇宙看起来都是大致一样的。也就是说，不存在一个可以用于参考的绝对空间，没有哪一部分空间比另一部分更优越。在宇宙中空间也是完全相对的。

牛顿的科学百宝箱

"Wow，还有更多有意思的事情，跟我来吧！"

虫　洞

虫洞（Wormhole），又称爱因斯坦－罗森桥，是宇宙中可能存在的、连接两个不同时空的狭窄隧道。虫洞是 20 世纪 30 年代由爱因斯坦及纳森·罗森在研究引力场方程时假设的，科学家们认为，通过虫洞可以做瞬时间的空间转移或者时间旅行。但截至 2013 年，其存在性仍旧尚未确认。

事实上，早在 19 世纪 50 年代，已经有科学家对虫洞做过研究。由于当时的历史条件有限，一些物理学家认为，理论上也许可以使用虫洞，但虫洞的引力过大，会毁灭进入其中的所有东西，因此不可能用在宇宙航行上。

随后新研究发现，虫洞的超强力场可以通过"负能量"来中和，达到稳定虫洞能量场的作用。当前，科学家已经成功检测到了宇宙中的"负

能量"，可以使用它去扩大和稳定细小的虫洞，这为利用虫洞创造了新的契机。

牛顿考考你

"我相信你也是科学高手，你会做下面的题目吗？"

1. 光速的大小是（　　）。

A. 299792458 米 / 秒

B. 约 324 米 / 秒

C. 在真空中，299792458 米 / 秒

D. 在水中，299792458 米 / 秒

2. 世界上速度最大的是（　　）。

A. 光　　　　　　　　　　B. 声音

C. 汽车　　　　　　　　　D. 猎豹

3. 在真空中，和光的速度相等的有（　　）。

A. 子弹　　　　　　　　　B. 声音

C. 电磁波　　　　　　　　D. 电流

第四章　停不下来的速度

　　在运动力学中，惯性是一个非常重要的内容，力学乃至物理学的肇端就在于此。

　　伽利略通过"理想斜面实验"和科学推理，得出的结论是：力不是维持物体运动的原因。

　　笛卡尔补充和完善了伽利略的观点，他提出：如果运动中的物体没有受到力的作用，它将继续以同一速度沿同一直线运动，既不停下来也不偏离原来的方向。

　　牛顿总结前人的结论，得到了牛顿第一定律，即物体在不受力的时候，总保持匀速直线运动状态或静止状态，直到有作用在它上面的外力迫使它改变这种状态为止。

　　这种保持物体运动状态的性质就是惯性，这一章就让我们学习惯性是怎么回事。

第一节　这是惯性

牛顿如是说

我的成就，当归功于精微的思索。

　　同学们有没有注意过下面这些现象？

1. 纸飞机离开手以后，还会继续飞行一段时间。

2. 星际探测仪一经脱离地球引力范围，不需要用发动机就可以保持飞行。

3. 锤头松了，只要把锤柄在固定的物体上撞几下，锤头就牢牢地套在锤柄上了。

4. 跳远时利用助跑，能使自己跳得更远。

5. 汽车启动或者突然加速时，人会向后靠。

6. 汽车紧急刹车或者突然停下时，人会向前倾。

7. 汽车左转弯时，人会向右靠。右转弯时，人会向左靠。

8. 子弹离开枪口后会继续向前运动。

9. 衣服上的灰尘可以被拍去。

10. 扔铅球时，铅球离手后自己飞了出去。

11. 火车上用铲子送煤，铲子到炉口煤就进炉子了。

12. 用手扔出球时，球仍然会朝用力的方向飞。

13. 在停止给汽车加速后，汽车会继续滑行一段时间。

如果你们注意到了，那你们总结过这些现象的原因吗？牛顿曾经从一个苹果的掉落中发现了万有引力，这一切都离不开思考，所以，同学们也要养成勤加思考的好习惯啊。

其实上述所有现象，都是源于惯性。还记得牛顿所提出的牛顿第一运动定律吧？它又被称为惯性定律，惯性一般是指物体不受外力作用时，保持其原有运动状态的属性。一切物体都具有惯性，这是物体的固有属性。简而言之，就是所有物体都具有一种保持原来运动状态的性质。

不妨同样以上面的现象为例。同学们每次衣服脏了，只要用力拍打就可以除去灰尘。大家想过原因吗？其实这就是惯性的作用了。用力拍打衣服时，灰尘会和衣服一起运动，当衣服突然停止后，灰尘仍要保持原来的运动，因此就会离开衣服。所以说，这一切正是利用了灰尘的惯性。

这样解释，同学们一定恍然大悟了吧。

 牛顿的科学百宝箱

"Wow，还有更多有意思的事情，跟我来吧！"

杠杆原理

古希腊科学家阿基米德有这样一句流传很久的名言："给我一个支点，我就能撬起整个地球！"这句话的理论依据就是杠杆原理。

阿基米德是在《论平面图形的平衡》一书中最早提出杠杆原理的。首先，他把杠杆实际应用中的一些经验知识当作"不证自明的公理"，随后从这些公理出发，运用几何学，通过严密的逻辑论证，得出了杠杆原理。其核心为"二重物平衡时，它们离支点的距离与重量成反比"。

阿基米德不仅仅将对杠杆的研究停留在理论方面，他还据此原理进行了一系列的发明创造。据说，他曾经借助杠杆和滑轮组，使停放在沙滩上的船顺利下水。另外，在保卫叙拉古免受罗马海军袭击的战斗中，他利用杠杆原理制造了远、近距离的投石器，利用它射出各种飞弹和巨石来攻击敌人。这些武器曾把罗马人阻于叙拉古城外达 3 年之久。

 牛顿考考你

"我相信你也是科学高手，你会做下面的题目吗？"

1. 关于惯性，下列说法正确的是（　　）。
   A. 物体静止时不容易推动，所以物体在静止时比运动时的惯性大
   B. 物体高速运动时不容易停下来，所以物体速度越大，惯性越大
   C. 物体不受力时保持匀速直线运动或静止状态，所以物体只有在不受力时才有惯性

D．惯性是物体固有的属性，任何物体在任何状态下都有惯性

2．关于互成角度的两个初速度不为零的匀加速直线运动的合运动，下列说法正确的是（　　）。

A．一定是直线运动

B．一定是曲线运动

C．可能是直线运动，也可能是曲线运动

D．两个分运动的运动时间，一定与它们的合运动的运动时间相等。

第二节　人类认识惯性的历史

牛顿如是说

我可以计算天体运行的轨道，却无法计算人性的疯狂。

上一节大家了解了什么是惯性，可是惯性的历史大家知道吗？这一节，大家随我来一起看看人类对惯性认识的历史吧！

我曾反复强调过，惯性一般是指物体不受外力作用时，保持其原有运动状态的属性。人们对于惯性的认识有赖于惯性定律的建立，而惯性定律则依赖于对于力的认识，以及区分运动状态和运动状态改变的认识，这一点在人类认识发展史上经历了漫长的岁月。

早在2000多年前，哲学家亚里士多德就对惯性进行过严格的思考与讨论，并总结出其知道的意义。当然，那时他的认知存在着许多错误的说法，然而在当时的环境制约之下，能够提出这种说法，无疑已经是一个巨大的变革，是人类思想上的一次解放过程。亚里士多德认为，圆周是完善的几何图形，圆周运动对于所有星体都是天然的，因而是自然运动；另外，他还认为地球上的物体都具有其天然位置，重物趋于向下，轻物趋于向上，如果没有其他

物体阻碍，物体力图回到天然位置的运动也是自然运动；其他所有形式的运动则都是强制运动。他还进而指出，关于物体的强制运动，只有在外力的不断作用下才能发生；当外力的作用停止时，运动也立即停止。从这里可以看出，亚里士多德肯定了两点：（1）自然运动不涉及力的问题，只有强制运动才存在力的问题；（2）力是物体强制运动的原因。从今天来看，这显然是错误的，然而它束缚了人们近2000年。

直到认识到惯性与能量的关系，人们对于惯性的认识才取得了重要进展。

能量是物理学里普遍关注的问题。运动的物体有动能；相互作用的物体有势能，如重力势能、引力势能、电势能等；其他还有热能等。在研究弹性变形体和流体的运动时，人们认识到，经受应力的物体的势能分归属于物体的每一部分，而流体的输运则伴随有能量的传送。当麦克斯韦电磁场理论建立和被赫兹电磁波实验证实之后，人们认识到，电磁作用是通过场来实现的，电磁场的存在性在认识上开始形成，场中不仅储存有能量，能量的传送也是通过场来传输的，即存在能流：能流与场的动量联系在一起。人们研究电子的运动，运动电子周围存在变化的电场，变化的电场又产生磁场，两者的共存又导致存在能流和动量，它们同电子的速度平行。因此这一附加的动量意味着电子存在附加的惯性质量。这里第一次遇到电磁能量的惯性，提示了惯性与能量的联系。

能量具有惯性，这一发现拓宽了人们对于惯性的认识，也拓宽了人们对于能量的认识。它带来的重大实用价值就是核能的释放。在裂变反应中，裂变产物的静质量小于裂变前物质的静质量，质量亏损释放出大量裂变能；在聚变反应中，聚变产物的静质量小于聚变前物质的静质量，质量亏损释放出大量的聚变能。它也使得人们很好地认识了许多物理现象，包括涉及物质的全部质量与能量转化的正反粒子对的产生和湮没过程。

对惯性的认知过程还在延续，同学们一起加油吧！

牛顿的科学百宝箱

"Wow，还有更多有意思的事情，跟我来吧！"

光子

1905 年，年轻的爱因斯坦发展了普朗克的量子说，提出了光子理论。他认为，电磁辐射在本质上就是不连续的，无论是在发射和吸收过程中，还是在传播过程中都如此。爱因斯坦称它们为光量子，简称光子。

由于用光量子说成功解释了光电效应，爱因斯坦因此获得了 1921 年诺贝尔物理学奖。

其后，光子在电子上的康普顿散射进一步证实了光的粒子性。它表明，不仅在吸收和发射时，在弹性碰撞时，光也具有粒子性，是既有能量又有动量的粒子。如此，光就既具有波动性（电磁波），也具有粒子性（光子）。

后来，德布罗意又将波粒二象性推广到了所有的微观粒子。

光子本身并不带电，它的反粒子就是它自己。正反粒子相遇时将发生湮灭，转化为几个光子。另外，光子的静止质量为零，在真空中永远以光速 c 运动。

牛顿考考你

"我相信你也是科学高手，你会做下面的题目吗？"

1. 下列现象中，不能用惯性知识解释的是（　　）。

　　A. 在水平操场上滚动的足球，最终要停下来

B. 人走路被石头绊倒会向前倾倒

C. 锤子松了，把锤柄的一端在物体上撞击几下，锤头就能紧套在锤柄上

D. 子弹从枪膛里射出后，虽然不再受到火药的推力，但是仍然向前运动

2. 有些同学放学时骑自行车行驶太快，容易造成交通事故，这是因为（　　）。

A. 运动快所以惯性大，因此难停下来

B. 速度过快，刹车会失灵

C. 由于惯性，即使紧急刹车，也需要向前运动一段距离才能停下来

D. 刹车时来不及克服惯性，所以难停下来

3. 人们有时要利用惯性，有时要防止惯性带来的危害。下列属于防止惯性带来危害的是（　　）。

A. 拍打衣服，把灰尘拍去

B. 将足球射入球门

C. 公路上汽车必须限速行驶

D. 跳远时要快速助跑

第三节　惯性不是力

牛顿如是说

没有大胆的猜测就做不出伟大的发现。

同学们，学习是层层递进的，通过前面的学习，大家已经了解了关于惯

性的许多知识，那么我想问问大家，惯性是什么？它是力吗？如果同学们仍旧不能确定，这一节就让我带领大家一起来好好学习一下。

说到惯性，我们还会想到一个名词，那就是惯性力。那么惯性力是不是力，为什么会产生呢？

通常我们会说，运动是一种相对运动，这是相对于参考系来说的，但同时，我们也认为运动是一个物体的性质，一个物体由于惯性保持速度不变，外力可以改变这种运动状态。这两种认知并不矛盾，因为我们通常指的运动其实是两个物体的运动差。我们用运动差表示一个物体的速度，或者说，用物体的速度表示两个物体的运动差。

这样，两个物体运动差的改变就变成一个物体运动状态的改变。

运动差的改变一定与力有关，因为力是使物体运动状态发生改变的原因。两物体的运动差发生改变，必定是有力作用在其中至少一个物体上。当受力物体被作为参考系时，看起来就仿佛有一股方向相反的力作用在另一物体上，这种力就被称为惯性力。

惯性力是为解决在非惯性系应用牛顿定律而引进的力，惯性力的大小等于物体的质量与非惯性系加速度的积，$F=-am$。它是物体的惯性在非惯性系的表现。

由此可见，惯性力虽然是一种力，但它是与"真实的力"有区别的"假想力"。在非惯性系中研究物体时，物体好像受到了惯性力。例如地球表面运动物体所受到的"地转偏向力"，就是一种由于地球自转引起的惯性力。再例如，你在电梯中加速度上升时，会感觉到有一股向下的力，这也是惯性力。

经过这一节的学习，大家应该很明白了，任何物体都有惯性，但是惯性力并不是力。

牛顿的科学百宝箱

"Wow，还有更多有意思的事情，跟我来吧！"

伽利略

根据亚里士多德的物理学，保持物体以匀速运动是力的持久作用。但是伽利略的实验结果证明物体在引力的持久影响下并不以匀速运动，而是相反地每次经过一定时间之后，在速度上就有所增加。物体在任何一点上都继续保有其速度并且被引力加剧。

如果引力能够截断，物体将仍旧以它在那一点上所获得的速度继续运动下去。伽利略在金属球在斜面滚动的实验中观察到，金属球以匀速继续滚过一片光滑的平桌面。从以上这些观察结果就得到了惯性原理。这个原理阐明物体只要不受到外力的作用，就会保持其原来的静止状态或匀速运动状态不变。

牛顿考考你

"我相信你也是科学高手，你会做下面的题目吗？"

1. 下列与惯性有关的现象或做法是（　　）。

    A. 乘坐小汽车必须系安全带

    B. 多数人习惯用右手写字

    C. 汽车关闭油门，速度渐渐减小

    D. 水从高处流向低处

2. 一杯水放在列车内的桌面上，如果杯子突然向右倾倒，则列车的运动状态可能发生的变化是（　　）。

　　①列车突然向右启动　　　　②列车突然向左启动

　　③列车向右运动时突然刹车　　④列车向左运动时突然刹车

　　A．①或③　　　　　　　　　B．①或②

　　C．②或③　　　　　　　　　D．②或④

3. 比赛场上，关于铅球离开运动员的手的瞬间，下列说法正确的是（　　）。

　　A．脱离运动员手后的铅球受到重力和一个向前的推力

　　B．脱离运动员手前的铅球没有惯性

　　C．脱离运动员手后的铅球是因为具有惯性才向前运动

　　D．脱离运动员手后的铅球因为推力才向前运动

第四节　与速度无关

牛顿如是说

如果你问一个善于溜冰的人怎样获得成功，他会告诉你："跌倒了，爬起来。"这就是成功。

　　同学们，这一章我们一直在讨论惯性，但讨论中也一直在提及速度。有的同学就提出了疑问：惯性与速度有没有关系呢？

　　答案是否定的，这个也很好理解，惯性是一切物体固有的属性，是不依靠外界（作用力）条件而改变、始终伴随物体而存在的。所以惯性的定义本身与速度无关。

　　同学们不妨再往更深层次想一想。

　　惯性，即维持物体原有状态的一种本来属性，表现有两个方面：

　　一是物体处于静止或者匀速运动状态而无变化时，表现为"维持其原来

的静止或者匀速运动状态"；

二是当物体的运动状态发生改变时，表现为"改变物体运动状态的难易程度"；如果物体容易改变其运动状态，说明它惯性小，反之则惯性大。

而所谓"运动状态的改变"，无非是速度 v 的改变（含大小和方向两方面的改变）；而改变的难易，无非是指在受同样外力作用下，速度改变的快慢罢了！

继续推理：如果对不同质量的物体施加同样大小的合外力，从牛顿第二定律可以知道，质量小的加速度大，即是说在相同的时间里速度改变量多，这就是所谓"运动状态容易改变"的意思！

最后总结一下，惯性与物体的速度、受力、加速度等都没有关系，它只与物体的质量有关！

经过这样一番推理，同学们是不是就很容易理解了呢？

牛顿的科学百宝箱

"Wow，还有更多有意思的事情，跟我来吧！"

双缝实验

1801 年，托马斯·杨（Thomas Young, 1773—1829）进行了一次光的干涉实验，即著名的杨氏双缝干涉实验，并首次肯定了光的波动性。随后他在论文中以干涉原理为基础，建立了新的波动理论，并成功解释了牛顿环，精确测定了波长。后来的事实证明，这个实验完全可以跻身于物理学史上最经典的前五个实验之列。

杨的著作点燃了革命的导火索，百年沉寂之后，光的波动说终于又回到了历史舞台上。但是杨当时的日子并不好过，在微粒说仍然一统天下的年代，他的论文受尽权威们的嘲笑和讽刺，被攻击为"荒唐"和"不合逻辑"。在近 20 年间竟然无人问津，杨为了反驳专门撰写过论文，但是却无处发表，只好印成小册子。但是据说发行后"只卖出了一本"。

直到 1818 年，菲涅耳（Augustin Fresnel，1788—1827）在巴黎科学院举行的一次以解释衍射现象为内容的科学竞赛中，以光的干涉原理补充了惠更斯原理，提出了惠更斯 - 菲涅耳原理，才完善了光的衍射理论并获得优胜。

牛顿考考你

"我相信你也是科学高手，你会做下面的题目吗？"

1. 根据物体惯性的概念，下列说法中正确的是（　　）。
   A. 一个物体静止不动时有惯性，受力运动时就失去惯性
   B. 一个物体做匀速直线运动时有惯性，作变速直线运动时或曲线运动时就失去惯性
   C. 一个物体在地球上有惯性，在离开地球很远的地方，因失去地球对它的吸引力，惯性也就失去了
   D. 一切物体都有惯性
2. 下面现象中，不是由于惯性原因的是（　　）。
   A. 自行车从斜坡顶沿斜坡向下运动，速度不断增大
   B. 房间里的家具，没人搬动总留在原处
   C. 运动员跑到终点时不能立即停下来
   D. 站在行驶的公共汽车里的乘客，若汽车紧急刹车，人就要向前倾
3. 在平直轨道上行驶的火车中悬挂一水壶，水壶突然向火车行驶的方向摆去，这现象说明火车（　　）。

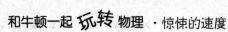

A. 做匀速运动   B. 突然减速

C. 突然加速   D. 运动状态无法确定

第五节　惯性只与物体质量有关

牛顿如是说

愉快的生活是由愉快的思想造成的。

    同学们应该都坐过公共汽车，行驶的过程中，汽车多少都会颠簸甚至是急刹车。现在有个有趣的问题考考大家：假设有两个人，一胖一瘦，他们谁在汽车刹车时更易摔跤呢？

    学习到现在，相信这个问题一点也不难，它归根究底还是一个惯性问题。从牛顿第一定律我们知道，任何物体都具有保持静止状态或匀速直线运动状态的性质，而惯性又被定义为物体保持原来运动状态的能力的大小。所以，质量大，惯性就大。刹车之前，车是向前运动的，胖子的质量大，所以刹车时，他更容易保持向前冲的状态。或者说，由于胖的人运动状态不易改变，所以更容易往前倾，当然，也就更容易摔跤了。

    生活中，人们在很多方面都利用了惯性。

    比如，洗完手，使劲甩手可把手上的水甩掉。这是因为使劲甩手，让手由静止变为快速运动，而沾在手上的水滴，由于惯性，依旧要保持原来的静止状态，而与手分离开。另外，因为手间歇地停止运动，由于惯性，水滴依旧要保持原来的运动状态，也会导致与手分离。

    再比如，坐在匀速行驶列车上的乘客，竖直向上抛出苹果，而苹果依旧会落到乘客手中。这是因为乘客手中的苹果，具有和列车一样的运动速度，苹果竖直抛出后，由于惯性，苹果依旧要保持原来的匀速运动状态，因此，苹果依旧会落到手中。

牛顿的科学百宝箱

"Wow，还有更多有意思的事情，跟我来吧！"

光声效应

用光照射某种媒质时，由于对光的吸收，媒质内部的温度会改变，同时媒质内某些区域的结构和体积会发生变化；如果采用的是脉冲光源或者调制光源，媒质温度的升降还会引起媒质的体积涨缩，因而可以向外辐射声波。这种现象被称为光声效应（photo-acoustic effect）。

A. G. Bell 于 1880 年发现了光声效应。当时他正在用光线电话向美国科学院陈述科学进展，偶然发现了这一现象。最初，光声效应在固体试样中被证明，之后在气体和液体试样中亦观察到了同样的现象。

光声效应拥有极大的用途。例如，光声信号可以用传声器或压电换能器进行接收，前者可以适用于检测密闭容器内的气体或者固体样品产生的声频光声信号；后者可以适用于检测液体或固体样品的光声信号，检测频率可以从声频扩展到微波频段。

牛顿考考你

"我相信你也是科学高手，你会做下面的题目吗？"

1. 人要从行驶的车中跳到地面上，为了避免摔倒，跳车人应该（　　）。
   A. 向车行的反方向跳
   B. 向上跳

C．向车行的方向跳，着地后立即向车行的方向跑几步

D．向与车行驶的垂直方向跳

2．正在运动着的物体，若它所受的一切外力都同时消失，那么它将（　　）。

A．立即停下来　　　　　　　B．速度变慢逐渐停止

C．速度大小不改变但方向改变　　D．做匀速直线运动

3．用绳子拉小车在光滑水平面上运动，当绳子突然断裂后，小车的运动速 v 度将（　　）。

A．变小　　　　　　　　　　B．不发生变化

C．变大　　　　　　　　　　D．立即变为零

第五章　加加减减的加速度

常常听长辈们教育大家，"站得高，摔得惨"，听起来非常有趣。大家有没有想过，高度是怎么影响到速度的呢？还有，为什么子弹打出去会有一定的射程呢？是什么让子弹的力量慢慢变小了？

隐藏在这些问题背后的，就是这一章我们会谈及的概念——加速度。来，一起了解一下吧。

第一节　失重的电梯

牛顿如是说

谦虚对于优点犹如图画中的阴影，会使之更加有力，更加突出。

同学们，在小时候大家都很调皮捣蛋，并且对身边的事物都有着浓厚的兴趣，相信大家都有过这样的经历，你站在称体重的台秤上，迅速把身子向下一蹲，就会发现，那指针会向零一摆。这是为什么呢？其实啊，这一现象就是失重，这一节就让我带着大家来搭乘一次失重的电梯吧！不要害怕，科学在保护你！

我们手提弹簧秤，弹簧秤下系一个重物，指针指出了它的重量，如果突然使它向下运动，看！那指针也会摆向零。反过来，猛然向上一提，那指针指示的重量又会大大增加。

这些都是为什么呢？

其实这就是我们今天要说的失重。

假如你住在设有电梯的大楼里，你可以拿一个测力计（或者一段软弹簧、橡皮筋）和一个重物（比如一个大铁锁），到电梯里去做实验。

当电梯静止不动的时候，把重物挂在测力计上，指针指出了物体的重量是 G。当电梯向下加速下降的时候，你会看到指针的指数变小，弹簧或橡皮筋的长度变短——人们看到的重量（视重）变小了，这是失重现象。当电梯加速上升的时候，那指针的指数竟然比 G 还大，弹簧或橡皮筋的长度都变长——人们看到的重量（视重）变大了，这就是超重现象。

乘电梯的时候，当电梯加速上升或下降的时候，有人会感到不舒服，这是由于电梯上升的时候，他处于超重状态，而电梯加速下降的时候，他处于失重状态。

早在 17 世纪，著名的物理学家伽利略就注意过这类的问题。他提出："我们感觉到肩头上有重荷，是在我们不让这个重物落下的时候。但是，假如我们跟我们肩上的重物一起自由下落，那么这个重物怎么还会压到我们的肩上呢？"

现代的伞兵亲身体验了伽利略设想的情况。跳伞前，伞兵会感到背上背着的武器很沉，如果从飞机上向下一跳，暂时不张伞，伞兵和沉重的武器一起自由下落，这时候，伞兵就不再会感到肩上有重量了，直到张开伞以后，才会觉出武器的重量。很明显，伞兵和武器一起自由下落的时候，没有感到肩头的重量，不是由于失掉了地心引力，而是因为它们都在地心引力的作用下一起加速下落。

失重环境是个很特殊的环境。在失重条件下可以造出没有内部缺陷的晶体，生产出能承受强大拉力的细如蚕丝的金属丝。在失重条件下，医生还可以为病人做许多"起死回生"的手术……为此，科学家们正在设计各种"人造天宫"——失重工厂、失重农场和失重医院……

看来，在不太遥远的将来，这些设计都将成为现实科学，同学们，可能那个设计者就是你哦，大家一起加油吧！

牛顿的科学百宝箱

"Wow，还有更多有意思的事情，跟我来吧！"

万有引力定律

万有引力定律：自然界中任何两个物体都是相互吸引的，引力的大小跟这两个物体的质量乘积成正比，跟它们的距离的二次方成反比

万有引力定律是牛顿在 1687 年出版的《自然哲学的数学原理》一书中首先提出的。牛顿利用万有引力定律不仅说明了行星运动规律，而且还指出木星、土星的卫星围绕行星也有同样的运动规律。他认为月球除了受到地球的引力外，还受到太阳的引力，从而解释了月球运动中早已发现的二均差、出差等；另外，他还解释了彗星的运动轨道和地球上的潮汐现象。

特别是，根据万有引力定律成功地预言并发现了海王星。万有引力定律出现后，才正式把研究天体的运动建立在力学理论的基础上，从而创立了天体力学。简单地说，质量越大的东西产生的引力越大，这个力与两个物体的质量均成正比，与两个物体间的距离平方成反比。地球的质量产生的引力足够把地球上的东西全部抓牢。

万有引力定律传入中国：《自然哲学的数学原理》是牛顿最重要的著作，1687 年出版。该书总结了他一生中的许多重要发现和研究成果，其中包括上述关于物体运动的定律。他说，该书"所研究的主要是关于重、轻流体抵抗力及其他吸引运动的力的状况，所以我们研究的是自然哲学的数学原理"。该书传入中国后，中国数学家李善兰曾译出一部分，但未出版，译稿也遗失了。现有的中译本是数学家郑太朴翻译的，书名为《自然哲学之数学原理》，1931 年商务印书馆初版，1957 和 1958 年两次重印。

1. 同步地球卫星相对地面静止不动，犹如悬在高空中，下列说法错误的是（　　）。

    A. 同步卫星处于平衡状态

    B. 同步卫星的速率是唯一的

    C. 各国的同步卫星都在同一圆周上运行

    D. 同步卫星加速度大小是唯一的

2. 在轨道上运行的人造地球卫星，如天线突然脱落，则天线将做（　　）。

    A. 自由落体运动

    B. 平抛运动

    C. 和卫星一起在同一轨道上绕地球运动

    D. 由于惯性沿轨道切线方向做直线运动

3. 改变汽车的质量和速度，都能使汽车的动能发生变化，在下面几种情况中，汽车的动能是原来的两倍的是（　　）。

    A. 质量不变，速度变为原来的两倍

    B. 质量和速度都变为原来的两倍

    C. 质量减半，速度变为原来的两倍

    D. 质量变为原来的两倍，速度减半

第二节　一牛顿力是多少？

牛顿如是说

思索，继续不断思索，以待天曙，渐近乃见光明。

很多同学或许会觉得牛顿是一位伟大的物理学家，是一个高不可攀的伟人。但是事实上，牛顿也需要一直学习，并从不间断地思考。

有同学或许会问我，究竟牛顿是怎样开始提出牛顿三大定律的呢？说起来，这或许还要感谢一个苹果。

牛顿与苹果的故事

根据前人的研究成果，牛顿一直坚信，自然界中存在着一种神秘的力，正是这种无形的力拉着太阳系中的行星围绕太阳旋转。但是，这到底是怎样的一种力呢，牛顿百般思索依旧不得其解。

1665 年秋季，牛顿坐在自家院中的苹果树下，冥思苦想着行星绕口运动的原因。这时，一只苹果恰巧落下来，它落在了牛顿的脚边——这次苹果下落与以往无数次苹果下落并无不同，但它却是一个发现的瞬间，因为就在那一瞬间，牛顿灵光一现。从苹果落地这一理所当然的现象中找到了苹果下落的原因——引力。正是这种来自地球的、无形的力拉着苹果下落，如同地球拉着月球，使月球围绕地球运动一样。

这个故事牛顿曾对他的外甥女巴尔顿夫人提起过，后来，她将之告诉了法国的哲学家、作家伏尔泰。伏尔泰将它写入《牛顿哲学原理》一书中后，这个故事变得广为流传起来。据说，牛顿家乡的这棵苹果树后来还被移植到了剑桥大学。

有同学可能会觉得这个故事不是真的，毕竟，一个苹果引发一个发现，听起来太传奇，太不可思议了。但其实苹果并不是重点，真正让牛顿发现引力的，是牛顿平时从不间断的思考。

一牛顿力是多少？

公斤是通常的说法，其科学名称是千克，1公斤等于1千克。千克是质量的计量单位，那么力的计量单位呢？没错，是牛顿，也就是以牛顿的名字命名的。千克和力当然没办法相等，但是，在地球上，1千克的物体受到的重力等于9.8牛顿。简单点说，1公斤的物体重9.8牛顿（在地球上）。

根据万有引力定理 $F=G \times m_1 \times m_2 / r^2$，其中 G 是引力常数，m_1 是物体质量，m_2 是地球质量，r 是地球半径。一般求重力时用到的公式是 $F=m_1 \times g$，即 $g=G \times m_2 / r^2$。g 就是重力加速度。

因为地球不是圆的，所以世界各地的重力加速度并不完全相同。一般将 g 的大小计为9.8牛/千克。不过，物体的位置越趋近于两极，其 g 值就越大；物体位置越趋近于赤道，其 g 值越小——因为，g 值受地球半径影响。

牛顿的科学百宝箱

"Wow，还有更多有意思的事情，跟我来吧！"

加速度传感器

加速度传感器是一种能够测量加速力的电子设备。加速力就是当物体在加速过程中作用在物体上的力，就好比地球引力，也就是重力。加速力可以是个常量。

加速度是空间矢量。一方面，要准确了解物体的运动状态，必须测得其三个坐标轴上的分量；另一方面，在预先不知道物体运动方向的场合下，只有应用三维加速度传感器来检测加速度信号。其三维加速度传感器通过硬件或软件积分可以得到位移，加速度传感器通过一次积分可以得到振动速度，二次积分可以得到振动位移。三维加速度传感器具有体积小和重量轻的特点，可以测量空间加速度，能够全面准确反映物体的运动性质，在航空航天、机器人、汽车和医学等领域得到广泛的应用。

加速度传感器可以帮助机器人了解它身处的环境。是在爬山，还是在走下坡？摔倒了没有？对于飞行类的机器人来说，控制姿态也是至关重要的。

目前推出的三维加速度传感器大多采用压阻式、压电式和电容式工作原理，产生的加速度正比于电阻、电压和电容的变化，通过相应的放大和滤波电路进行采集。

 牛顿考考你

"我相信你也是科学高手，你会做下面的题目吗？"

1. 为了计算加速度，最合理的方法是（　　）。

   A. 根据任意两计数点的速度公式 $a=\Delta v/\Delta t$ 算出加速度

   B. 根据实验数据画出 v-t 图，量出其倾角，由公式 $a\tan=\alpha$ 求出加速度

   C. 根据实验数据画出 v-t 图，由图线上相距较远的两点对应的速度、时间，由公式 $a\tan=\alpha$ 求出加速度

   D. 依次算出通过连续两计数点间的加速度，算出平均值作为小车的加速度

2. 下列说法不正确的是（　　）。

   A. 运动物体在某一时刻的速度可能很大而加速度可能为零

   B. 运动物体在某一时刻的速度可能为零而加速度可能不为零

   C. 在初速度为正、加速度为负的匀变速直线运动中，速度不可能增大

   D. 在初速度为正、加速度为正的匀变速直线运动中，当加速度减小时，它的速度也减小

3. 沿一条直线运动的物体，当物体的加速度逐渐减小时，下列说法正确的是（　　）。

A. 物体运动的速度一定增大

B. 物体运动的速度一定减小

C. 物体运动速度的变化量一定减小

D. 物体运动的位移一定增大

第三节　伽利略和加速度

牛 顿 如 是 说

其实，历史上第一个提出加速度的人，并不是牛顿，而是伽利略。他通过对自由落体运动的研究提出了这一运动形式。

　　最先研究自由落体并提出自己的观点的人是古希腊的哲学家亚里士多德，他从日常生活的经验中总结并提出：物体下落的速度是由物体本身的重量决定的。也就是说，物体越重，下落得越快；反之，则下落得越慢。

　　用公式表达就是：

$$v : m = 常数$$

　　亚里士多德的理论经过经院哲学家托马斯·阿奎那的引入，统治了西方基督教世界的物理学 2000 多年。

　　1636 年，伽利略出版了传世名作《两种世界体系的对话》，在书中伽利略写道：如果依照亚里士多德的理论，假设有两个物体，大的重量为 10，小的为 5，则大的下落速度为 10，小的下落速度为 5，当两个物体被绑在一起的时候，下落快的会因为慢的而被拖慢。所以整个体系的下落速度在 10～5 之间。但是，两个绑在一起的物体的整体重量为 15，下落速度也就应该大于 10，这就陷入了一个自相矛盾的境界。在逻辑学上，这种命题被称之为悖论。

　　伽利略由此推断：物体的下落速度应该不是由其重量决定的。他在《两种世界体系的对话》中设想：自由落体运动的速度是匀速变化的。

伽利略对自由落体的速度提出了自己的看法：物体自由下落的速度与时间成正比，它下落的距离与时间的平方成正比，物体下落的加速度与物体的重量无关。

用公式表达就是：

$$v : t = 常数$$

$$s : t^2 = 另一个常数$$

上面公式中的第二条是伽利略通过数学运算得出的结论：如果物体的初速度为 0，而且加速度大小不变，它通过的距离就与时间的平方成正比。

其中的关系是通过数形结合的方式算出来的：

画一个直角坐标系，以时间为横轴，以速度为纵轴。如果物体的初速度为 0，而且加速度大小不变，则物体运动的时间和速度对应的点可以连成一条斜率等于加速度大小的直线。

如图：

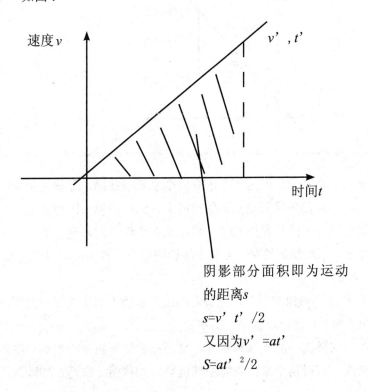

阴影部分面积即为运动
的距离 s
$s = v't' / 2$
又因为 $v' = at'$
$S = at'^2 / 2$

斜率

斜率，也称为"角系数"，表示平面直角坐标系中一条直线相对于横坐标轴的倾斜程度。一条直线与某平面直角坐标系横坐标轴正半轴方向的夹角的正切值，即为这条直线相对于该坐标系的斜率。

其计算公式为：

$$k=\tan\alpha=(y_2-y_1)/(x_2-x_1)=\Delta y/\Delta x$$

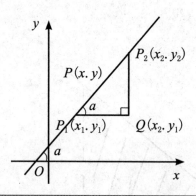

这一切看起来十分完美，但是还必须有一个重要的前提，那就是伽利略应该通过实验来证明自己的推测是正确的，而不是凭空想象。因为亚里士多德的结论是通过对生活中的现象的总结：羽毛比石头轻，同时自由落体，羽毛比石头落地慢。伽利略想颠覆对于亚里士多德的迷信，其实最大的"敌人"就是人们的生活经验。

1590 年，伽利略率领他的学生，在著名的比萨斜塔上做了关于自由落体运动实验，也叫"两个铁球同时落地"的实验。

伽利略准备了同样大小的木球和铁球，然后站在比萨斜塔的顶端，将两个球以同样的高度，同时落下来，看哪个球能够先到地面。在两个球降落的过程中，伽利略测量其下落的时间有何差别。实验结果证实，两个不同材质的球体，不分先后，居然同时落到地面。此后，伽利略又多次进行实验，仍得到相同的结论。

顽固的亚里士多德的信徒们，仍不愿相信这个狂妄的年轻人会推翻他们崇拜者的结论，甚至还愚蠢地认为伽利略在铅球里施了魔法。但是这些并不妨碍这个实验证明亚里士多德的"物体下落速度和重量成比例"的学说是错误的。自由落体运动与物体本身的特征并没有关系，在不计算空气阻力的情况下，物体重力加速度的大小其实是相同的。

伽利略的自由落体运动，推翻了人们信奉了1900多年的科学思想，受到人们的赞誉。我们自己也可以重复这一实验。

第四节　自由落体实验第一人

牛顿如是说

伽利略在自由落体的实验中作出突出的贡献，世人皆知，但你知道卡尔丹诺也做过这样的实验吗？让我们来认识一下这位伟大的占星家吧。

事实上，伽利略并不是第一个进行自由落体实验的人，历史上的第一次自由落体实验是一次秘密实验，秘密到无从考证实验的具体地点和时间，只知道是在罗马的一个夜晚。

之所以要秘密进行，不仅是因为实验本身要挑战的是在教会经院哲学中长期占有统治地位的亚里士多德，而且更因为实验者的身份很特殊，他就是教皇希克斯图斯五世的宫廷占星家卡尔丹诺。

卡尔丹诺要做的是，证明自由落体运动与物体的重量无关，而不是像亚里士多德想当然的结论——物体下落的速度和重量成正比。这种大逆不道的事情，即使性格叛逆如卡尔丹诺，也不敢像后来伽利略那样光明正大地做出来，更不用说找个助手来帮忙了。实验的高度要足够高，但是太高又会让他人看到同时落地的实验现象，这该怎么办呢？

卡尔丹诺一边吃饭，一边苦苦思索着这个问题。无意间，勺子碰到了盘子。在奢华的教廷，用银勺子、银盘子当餐具是天经地义的主的恩典。两样银器碰到一起，发出了悦耳的响声。卡尔丹诺心中豁然开朗——可以借助声音。

卡尔丹诺爬上了梵蒂冈的一座高塔，这种塔楼在梵蒂冈没有一百也有八十。卡尔丹诺把重 20 磅与重 1 磅的铅球从同一高度释放，高塔下面是卡尔丹诺早就放好的一个大铁盘。一声巨大的金属撞击声，惊动了不少早已入睡的人。但是，看到卡尔丹诺的时候，大家又都散去了：这位伟大的占星家不知道又在弄什么玄之又玄的东西，既然不懂，那就不要管了。

卡尔丹诺并没有欣喜若狂，而是非常沮丧：从感情上，倾向于教会的他是不希望自己的实验成功的；但是，现实就是，亚里士多德的教义没救了。

卡尔丹诺没有声张自己的实验，这会带来很多麻烦，不仅自己有麻烦，也会造成社会动荡。直到他去世的前一年，卡尔丹诺才在自己的自传中说到这次实验。——至于卡尔丹诺为什么能够好整以暇的在死前写下自己的自传，那是因为他 71 岁时通过占星术推算出自己将在 1576 年 9 月 21 日去世，但是到那一天时，他活得像头壮牛；为了保全自己伟大的占星者的名誉，他自杀了。

在卡尔丹诺之后，又有荷兰人史泰文在荷兰的戴尔福特重复了这一实验，他在自己的书中写道："反对亚里士多德的实验是这样的，让我们拿两只铅球，其中一只比另一只重 10 倍，把它们从 30 英尺的高度同时丢下去，落在一块木板或有什么可以发出清晰响声的东西上面，那么，我们就会看出轻球并不需要用重铅球 10 倍的时间，而是同时落到地板上，因此它们发出的声音听上去就像是一个声音一样。"

而伽利略著名的"比萨斜塔两个铁球同时落地实验"，虽然只是对前人的重复，但是给伽利略带来的是 8 年软禁，直至去世。

同样的实验，伽利略的实验广为人知，卡尔丹诺的实验却寂寂无闻，除了造成的影响力大小不同之外，还有实验者所体现出来的探索科学的勇气。恩格斯称伽利略："不管有何障碍，都能不顾一切而打破旧说，创立新说的巨人之一。"

牛顿的科学百宝箱

"Wow，还有更多有意思的事情，跟我来吧！"

羽毛和自由落体

众所周知，羽毛是无法用来做自由落体实验的，因为羽毛在空气中的阻力非常大。因此，有人设计了一个实验装置——"牛顿管"，先用抽气机抽出玻璃管中的空气，观察羽毛在管中真空情况下的自由落体状况，然后打开玻璃管，让空气进入，观察羽毛在空气中的自由落体运动。

1960 年 7 月 14 日，美国的"阿波罗 11 号"飞船宇航员阿姆斯特朗登月后，做了一次自由落体实验：举起一把手锤和一根猎鹰羽毛同时下落。阿姆斯特朗可以说是用羽毛完成自由落体实验的第一人。

第五节 站得越高，跌得越惨

牛顿如是说

如果说我对世界有些微贡献的话，那不是由于别的，只是由于我的辛勤耐久的思索所致。

古人有一句老话"站得越高，跌得越惨"，这句话是要告诉人们：成功的巅峰虽然引人注目，但成功所要承受的压力也是极其强大的，稍有不慎便会摔得粉身碎骨。这个浅显的道理相信不用多说大家都很明白，那么现在我们来换个角度想一想，为什么站得越高会跌得越惨呢？

其实这就是重力加速度的作用啊。

重力加速度（Gravitational acceleration）是一个物体受重力作用下所具有的加速度，也叫自由落体加速度，用 g 表示。

g 的方向总是竖直向下的。在同一地区的同一高度，任何物体的重力加速度都是相同的。但 g 的数值会随海拔高度增大而减小。当物体距离地面高度远远小于地球半径时，g 变化不大。而距离地面高度较大时，g 的数值显著减小。

距离地面同一高度的重力加速度，也会随着纬度的升高而变大。由于重力是万有引力的一个分力，万有引力的另一个分力提供了物体绕地轴作圆周运动所需要的向心力。物体所处的地理位置纬度越高，圆周运动轨道半径越小，需要的向心力也越小，重力将随之增大，重力加速度也变大。地球南北两极处的圆周运动轨道半径为 0，需要的向心力也为 0，重力等于万有引力，此时的重力加速度也达到最大。

为了便于计算，g 的近似标准值通常取为 980 厘米 / 秒 ^{2} 或 9.8 米 / 秒 ^{2}。当我们站得越高，往下跌的时候，由于重力加速度的作用，速度会加大，所以会跌得更惨。

这样一分析，这句话是不是很简单易懂呢？

牛顿的科学百宝箱

"Wow，还有更多有意思的事情，跟我来吧！"

加速器

加速器是一种使带电粒子增加速度（动能）的装置。它可以运用于原子核实验、放射性医学、放射性化学、放射性同位素的制造、非破坏性探伤等。

加速器的种类很多，有回旋加速器、直线加速器、静电加速器、粒子加速器，以及倍压加速器等。

目前，世界上的加速器大多都是能量在 100 兆电子伏以下的低能加速器，其中只有一小部分用于原子核和核工程研究方面，其他应用则更为广阔，如化学放射生物学、放射医学、固体物理，以及工业照相、疾病的诊断和治疗、高纯物质的活化分析、某些工业产品的辐射处理、农产品及其他食品的辐射处理、模拟宇宙辐射和模拟核爆炸等。

近年来，人们还利用加速器原理，制成了各种类型的离子注入机，供半导体工业杂质掺杂，取代了传统的热扩散老工艺，使半导体器件的成品率和各项性能指标大大提高。集成电路的集成度因此也得到了巨大提高。

牛顿考考你

"我相信你也是科学高手，你会做下面的题目吗？"

1. 质量为 m 的汽车，启动后沿平直路面行驶，如果发动机的功率恒为 P，且行驶过程中受到的摩擦阻力大小一定，汽车速度能够达到的最大值为 v，那么汽车在运动过程所受阻力为（　　）。

　A. P/v 　　　　　　　　　B. P/mv

　C. $mv^2/2$ 　　　　　　　D. v/P

2. 下列关于万有引力定律的说法中正确的是（　　）。

　A. 万有引力定律是卡文迪许发现的

　B. $F=Gm_1m_2/r^2$ 中的 G 是一个比例常数，是没有单位的

　C. 万有引力定律适用于质点间的相互作用

　D. 两个质量分布均匀的球体之间的相互作用也可以用 $F=Gm_1m_2/r^2$ 来计算，r 是两球体球心间的距离

3. 两个质量和初速不同的物体，沿水平地面滑行至停止，其中滑行距离较大的是（　　）。

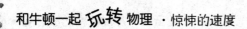

A. 若动摩擦因数相同，动能大的物体滑行距离大

B. 若动摩擦因数相同，初速大的物体滑行距离大

C. 若受到的摩擦力相同，动能小的物体滑行距离大

D. 若受到的摩擦力相同，初速大的物体滑行距离大

第六节　速度是有方向的，加速度呢？

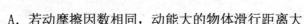

我并没有什么方法，只是对于一件事情很长时间很热心地去
考虑罢了。

　　同学们，你们肯定清楚，速度是矢量，它有方向。那么加速度呢？

　　要回答这个问题，我们不妨由表及里，好好认识一下加速度

　　顾名思义，加速度就是速度变化量与发生这一变化所用时间的比值（$\triangle v/\triangle t$），是描述物体速度改变快慢的物理量，通常用 a 表示，单位是 m/s^2。

　　现在你肯定清楚了，加速度也是矢量，它的方向就是物体速度变化（量）的方向，与合外力的方向相同。

　　速度是惯性量，它有惯性的特性，只要没有外界的作用，它就能够保持自己的状态。相反，如果有了外界的作用且不平衡，速度就会发生变化——这就产生了加速度。

　　加速度的计算公式：

$$a=F/m$$

这里有三点必须提醒同学们注意：

第一，决定加速度的因素是 F 和 m，而不是 v 和 T。

第二，当物体的加速度大小和方向保持不变时，物体就做匀变速运动。

如自由落体运动、平抛运动等。

第三，当物体的加速度方向与初速度方向在同一直线上时，物体就做直线运动。如竖直上抛运动。

举例来说，当司机在直行时踩了一脚油门（即假定汽车所提供的牵引力 F 恒定），而方向盘保持不动时，汽车做的就是匀加速直线运动，此时，加速度与初速度在同一条直线上。

一个匀加速运动的质点，刚开始的速度是 1 米 / 秒，经过 2 秒钟以后，其速度变为 3 米 / 秒，那么这个质点的加速度的计算方法就是：用末速度减去初速度除以时间（2 秒钟），就是 1 米 / 秒^2。表示的意思就是，这个质点每经过 1 秒，其速度就增加 1 米 / 秒。

因此，大家可以轻易推出以下几个结论：

在直线运动中，如果速度增加，加速度的方向就与速度相同；如果速度减小，加速度的方向就与速度相反。

不同物体运动时，速度变化的快慢往往是不同的（请注意区分速度的大小和速度变化的快慢之间的差异）。

另外，大家千万不要混淆了速度和加速度。这两者并无必然联系。加速度很大时，速度可以很小；速度很大时，加速度也可以很小。例如：在地面上反复弹跳的皮球，在和地面接触的极短时间内，速度接近于零（或者说由向下的速度变为零再变为向上的速度），但是因为速度在很短的时间内作了极大的变化，因此加速度很大。又如，以高速直线匀速行驶的赛车，速度很大，但是由于是匀速行驶，速度的变化量是零，因此它的加速度也是零。

加速度为零时，物体静止或做匀速直线运动（相对于同一参考系）。任何复杂的运动都可以看作是无数的匀速直线运动和匀加速运动的合成。

加速度因参考系（参照物）选取的不同而不同，一般我们取地面为参考系。

当运动的方向与加速度的方向之间的夹角小于 90 度时，物体做加速运动，加速度是正数；反之则为负数。

特别地，当运动的方向与加速度的方向之间的夹角恰好等于 90 度时，物体既不加速也不减速，而是进行匀速率的运动。如匀速圆周运动。

力是物体产生加速度的原因，物体受到外力的作用就产生加速度。这也等同于说，力是物体速度变化的原因。

牛顿的科学百宝箱

"Wow，还有更多有意思的事情，跟我来吧！"

真空

真空是一种物理现象，是一种不存在任何物质的空间状态。在真空中，声音会因为没有介质而无法传递，但电磁波的传递却不受影响。

事实上，真空只是针对大气而言，如果特定空间内部的部分物质被排出，其压力小于一个标准大气压，那我们将通称此空间为真空或者真空状态。

真空通常用帕斯卡（Pascal）或者托尔（Torr）作为压力的单位。目前在自然环境里，只有外太空堪称最接近真空的空间。

1641 年，意大利数学家托里拆利在一根长管子内加满水银，然后很缓慢地将管口倒转在一个盛满水银的盆内，管子内水银柱的末端是 76 厘米高。这时玻璃管最上方无水银的地带就是真空状态。这一实验被称为"托里拆利实验"，完成该实验的玻璃管为"托里拆利管"。同时，这也是人们第一次得到的，最接近真空的状态。

牛顿考考你

"我相信你也是科学高手，你会做下面的题目吗？"

1. 物体做匀加速直线运动，已知第 1 秒末的速度是 6 米 / 秒，第 2 秒末的速度是 8 米 / 秒，则下面结论正确的是（   ）。

A. 物体的初速度是 3 米／秒

B. 物体的加速度是 2 米／秒^2

C. 任何 1 秒内的速度变化都是 2 米／秒

D. 第 1 秒内的平均速度是 6 米／秒

2. 某做匀加速直线运动的物体，设它运动全程的平均速度是 v_1，运动到中间时刻的速度是 v_2，经过全程一半位置时的速度是 v_3，则下列关系中正确的是（　　）。

A. $v_1 > v_2 > v_3$ 　　　　　　B. $v_1 < v_2 = v_3$

C. $v_1 = v_2 < v_3$ 　　　　　　D. $v_1 > v_2 = v_3$

3. 物体沿一条直线做加速运动，从开始计时起，第 1 秒内的位移是 1 米，第 2 秒内的位移是 2 米，第 3 秒内的位移是 3 米，第 4 秒内的位移是 4 米，由此可知（　　）。

A. 此物体一定作匀加速直线运动

B. 此物体的初速度是零

C. 此物体的加速度是 1 米／秒^2

D. 此物体在前 4 秒内的平均速度是 2.5 米／秒

第七节　万户的壮举

牛顿如是说

万户的壮举——一次试图摆脱重力加速度的试验。

同学们，学习这么久了，大家也累了吧？今天我们先讲个故事吧。

第一个想到利用火箭飞天的人是聪明的中国人——明朝的士大夫万户。14世纪末期，明朝的士大夫万户把 47 个自制的火箭绑在椅子上，自己坐在椅子上，双手举着两只大风筝，然后叫人点火发射。设想利用火箭的推力，加上风筝的力量飞起。不幸火箭爆炸，万户也为此献出了生命。

万户之所以没有成功主要是其火箭的推力和风筝起飞的拉力不能达到进入太空的速度，他甚至连500米也没升起，然而进入太空的速度至少达到7900米／秒。

目前，只有火箭才能把人送上太空。西方学者考证，万户是"世界上第一个想利用火箭飞行的人"。万户考虑到加上风筝上升的力量飞向前方，这在当时是很少有人能想到的。

大家都知道，力是物体产生加速度的原因，物体受到外力的作用就产生加速度，或者说力是物体速度变化的原因。

万户试图利用火箭的推力达到飞天的效果，这在当今称之为火箭推动理论。

火箭推进理论是航天理论的基础之一。火箭发动机是一种推进工具，它能提供强大动力，使航天器达到所需要的宇宙速度。它的工作是基于直接反作用运动的原理，这一原理特别有利于高速航行。

牛顿的科学百宝箱

"Wow，还有更多有意思的事情，跟我来吧！"

匀速圆周运动

匀速圆周运动的定义：质点沿圆周运动，如果在任意相等的时间里通过的圆弧长度都相等，这种运动就叫作匀速圆周运动，亦称匀速率圆周运动。因为物体作圆周运动时速率不变，但速度方向随时发生变化。

运动条件：

其一具有初速度。

其二受到一个大小不变、方向与速度垂直且指向圆心的力（向心力）。

物体做匀速圆周运动时，速度的大小虽然不变，但速度的方向时刻改变，所以匀速圆周运动是变速运动。又由于做匀速圆周运动时，它的向心加速度的大小不变，但方向时刻改变，故匀速圆周运动是变加速运动。"匀速圆周运动"一词中的"匀速"仅是速率不变的意思。

做匀速圆周运动的物体仍然具有加速度，而且加速度不断改变，因为其加速度方向在不断改变。因为其运动轨迹是圆，所以匀速圆周运动是变加速曲线运动。匀速圆周运动加速度方向始终指向圆心。做变速圆周运动的物体总能分解出一个指向圆心的加速度，我们将方向时刻指向圆心的加速度称为向心加速度。

其匀速圆周运动的速度公式如下：

v（线速度）$=\Delta s/\Delta t=2\pi r/T$

（s 代表弧长，t 代表时间，r 代表半径，T 代表周期）

ω（角速度）$=\Delta\theta/\Delta t=2\pi/T$

（θ 表示角度或者弧度）

a（向心加速度）$=r\omega^2$

牛顿考考你

"我相信你也是科学高手，你会做下面的题目吗？"

1. 下列说法正确的是（　　）。

   A. 变速直线运动的速度是变化的

   B. 平均速度即为速度的平均值

   C. 瞬时速度是物体在某一时刻或在某一位置时的速度

   D. 瞬时速度可看作时间趋于无穷小时的平均速度

2. 关于匀速直线运动，下列说法中正确的是（　　）。

A. 瞬时速度不变的运动，一定是匀速直线运动

B. 速率不变的运动，一定是匀速直线运动

C. 相同时间内平均速度相同的运动，一定是匀速直线运动

D. 瞬时速度的方向始终不变的运动，一定是匀速直线运动

3. 子弹以900米/秒的速度从枪筒射出，汽车在北京长安街上行驶，时快时慢，20分钟行驶了 18 千米，汽车行驶的速度是 54 千米/时，则（　　）。

A. 900 米/秒是平均速度　　　　B. 900 米/秒是瞬时速度

C. 54 千米/时是平均速度　　　　D. 54 千米/时是瞬时速度

第八节　让子弹飞

牛顿如是说

辛苦是获得一切的定律。

　　同学们，看到这个题目，大家是不是想到了曾经热播的那部电影《让子弹飞》，但今天我要跟大家讨论的并不是电影，而是一个物理名词——平抛运动。

　　被运动员扔出去的铁饼、标枪、铅球，足球比赛中被球员踢起来飞在空中的足球；乒乓球比赛中被球拍打出去的乒乓球……可以看出，生活中有许多这种运动的例子。它们的共同点就是，所有这些物体都是以一定的初速度被抛出，忽略空气阻力，在只受重力的情况下做曲线运动。这种运动，我们称为抛体运动。

　　抛体运动中有一种特殊情况，即物体被抛出时，初速度方向沿水平方向，这样的抛体运动就被称为平抛运动。

　　用力打一下桌上的小球，使它以一定的水平初速度离开桌面，小球所做的运动就是平抛运动，并且我们能够看到，它做的是曲线运动。

来，一起分析一下，平抛运动为什么是曲线运动呢？其实还是因为物体受到了与速度方向成角度的重力作用。

现在来总结一下平抛运动的特点吧：

1．竖直的重力与速度方向有夹角，故物体做曲线运动。

2．水平方向不受外力作用，是匀速运动，速度为 v_0。

3．竖直方向受重力作用，没有初速度，加速度为重力加速度 g，是自由落体运动。

好了，对于平抛运动我们就先了解到这里吧！

牛顿的科学百宝箱

"Wow，还有更多有意思的事情，跟我来吧！"

弹道导弹

弹道导弹是指在火箭发动机推力下按预定程序飞行，火箭发动机关机后按自由抛物体轨迹飞行的导弹。这种导弹的整个弹道分为主动段和被动段。主动段弹道是导弹在火箭发动机推力和制导系统作用下，从发射点起到火箭发动机关机时的飞行轨迹；被动段弹道是导弹从火箭发动机关机点到弹头爆炸点，按照在主动段终点获得的给定速度和弹道倾角做惯性飞行的轨迹。

牛顿考考你

"我相信你也是科学高手，你会做下面的题目吗？"

1．物体通过两个连续相等位移的平均速度分别为 $v_1 = 10$ 米／秒，$v_2 = 15$

米／秒 ，则物体在整个运动过程中的平均速度是（　　）。

    A. 12.5 米／秒

    B. 12 米／秒

    C. 12.75 米／秒

    D. 11.75 米／秒

2．做变速直线运动的物体，若前一半时间的平均速度为 4 米／秒，后一半时间的平均速度是 8 米／秒，则全程的平均速度是（　　）。

    A. 7 米／秒

    B. 5 米／秒

    C. 6 米／秒

    D. 5.5 米／秒

3．质点做单方向的匀变速直线运动时，下列论述中正确的是（　　）。

    A. 相等的时间内位移相等

    B. 相等的时间内位移的变化相等

    C. 相等的时间内速度的变化相等

    D. 瞬时速度的大小改变，但方向不变

第九节　什么样的姿势才能把铅球推得最远

牛顿如是说

天才就是长期劳动的结果。

同学们，学习的不同阶段，所针对的知识点都是不同的，在学习高中物理时，同学们经常讨论一个斜抛运动的问题：在体育运动会上投掷铅球，将铅球以一定的速率斜向上抛出，如果空气阻力可以忽略，则抛出的仰角为多大时，铅球投掷的距离最远？这一节，我们来研究下，什么样的姿势才能把铅球推得更远呢？

许多同学按斜抛运动公式进行计算：

水平方向上 $x=v_1t$

竖直方向上 $y=v_2t-gt^2/2$

球出手的速度 $v^2=v_1{}^2+v_2{}^2$

进一步计算，可以得出答案为 45 度。可事实不然，因为按 45 度角投掷，当铅球落到与肩同一水平面时，离人投掷点的水平距离最大，但是计算投掷铅球的成绩，是按落地时落地点距投掷点的水平距离计算成绩的。人肩离地还有高度，因此 45 度角并不是最远的投掷角，也可能是 40 度投掷距离较大。

通过复杂的计算，可以得到以下的结论：推铅球获得最大的距离，其出手的仰角应小于 45 度。这个角度随铅球出手速度的增大而增大，而随出手高度的增大而减小。对出手高度为 1.7～2 米，而出手速度为 8～14 米 / 秒的人来说，出手仰角应为 38～42 度。

至于其他投掷类，受空气的作用力影响较大，各有不同的最佳仰角。例如掷铁饼为 30～35 度；标枪为 28～33 度；链球为 42～44 度。

说到这里，有些朋友就要问了，什么是斜抛运动呢？

斜抛运动是将物体以一定的初速度和与水平方向成一定角度抛出，在重力作用下，物体做匀变速曲线运动，它的运动轨迹是抛物线。这种运动叫作斜抛运动。斜抛运动属匀变速曲线运动。

根据运动独立性原理，可以把斜抛运动看成是水平方向的匀速直线运动和竖直上抛运动的合运动，或沿 v_0 方向的直线运动和自由落体运动的合运动。

斜抛运动的三要素是射程、射高和飞行时间。

斜抛运动有斜上抛和斜下抛之分，一般的，若不指明，我们都默认是斜上抛。斜抛运动水平方向做匀速直线运动，竖直方向做竖直上抛运动。

大家可以在体育课上试一试！

牛顿的科学百宝箱
"Wow，还有更多有意思的事情，跟我来吧！"

各种斜抛运动

铅球

铅球比赛的标准用球重 7.257 公斤，这个标准得从铅球的来历说起。古希腊时期，曾一度流传着投掷石块的比赛，并将此作为选拔大力士的重要标准，这是铅球运动的前身。1340 年，欧洲出现了世界上第一批专业炮兵，使用的是著名的 16 磅炮，炮弹是生铁铸成的实心圆球，重量 16 磅，合 7.257 公斤。士兵们在休息时，比赛徒手扔炮弹，逐渐地发展成为锻炼身体的方法，后来被列入了田径运动项目。

标枪

标枪是一项明显的军事体育项目。在古代，标枪是重要的投掷武器，从原始人开始就用它捕猎动物、抵御猛兽，后来又成为战争工具。投掷标枪作为古代奥运会的正式比赛项目是在公元前708年的第18届古代奥运会，而且属于古代"五项竞技"之一。

最初运动员使用的木制标枪前后一样粗，20 世纪 50 年代初，美国标枪运动员赫尔德研究出两端细、中间粗的木制标枪，延长了标枪在空中飞行的时间，后来称之为"滑翔标枪"。20 世纪 60 年代，铝合金材料问世，制成的标枪比木制标枪硬度大，减少了颤动，更有利于飞行。

后来，由于"前交叉步"技术的出现和逐步成熟，标枪的世界纪录被定格在了 104 米。然而，这个成绩已经威胁到了现场观众的生命安全。国际标枪联合会于是做出了一项简单而有效的改革，将标枪的重心配置向后移动了一厘米，导致标枪在飞行过程中更快下落，也限制了标枪成绩的一味猛升。可以说，标枪运动是科技与奥运的完美产物。

铁饼

铁饼起源于公元前 12～前 8 世纪古希腊人投掷石片的活动，在公元前708年第18届古代奥运会中被列为五项比赛项目之一。铁饼最初为盘形石块，后逐渐采用铜、铁等金属制作。著名的雕塑《掷铁饼者》就是铁饼运动早期发展的见证。

铁饼比赛的投掷区为直径2.5米的圆形区域，四周设有 U 形的护笼。铁饼为圆盘形，中间厚，四周薄，多是木质或橡胶圆盘包上金属边。

链球

链球的外形很像古代武器流星锤，流星锤又是源于原始人的飞石索，但是如果你以为这就是链球的起源，那你就大错特错了。其实，链球是由打铁的铁锤演变而来。中世纪时，苏格兰的铁匠和矿工，在业余时间里经常用他们的生产工具——带有木柄的铁锤进行掷远比赛。这项比赛渐渐地在英国流行开来。链球的英语词意就是铁锤。1873 年，牛津大学一个学生使用长球柄的铅制锤头创造了第一个链球世界纪录。从那时起，链球才开始改为圆形，其后柄也由木制的改为钢链。

为了确保投掷安全，链球的投掷圈外有 U 形护笼。

 **牛顿考考你**

"我相信你也是科学高手，你会做下面的题目吗？"

1. 物体做曲线运动时，一定变化的物理量是（　　）。

   A．速率　　　　　　　　B．速度

   C．加速度　　　　　　　D．合外力

2. 关于物体做曲线运动，下列说法正确的是（　　）。

   A．物体在恒力作用下不可能做曲线运动

   B．质点做曲线运动，速度的大小一定是时刻在变化

   C．做曲线运动的物体，其速度方向与加速度方向不在同一直线上

D. 物体在变力作用下不可能做直线运动

3. 某物体在一足够大的光滑平面上向西运动，当它受到一个向南的恒定外力作用时，物体运动将是（　　）。

A. 直线运动且是匀变速直线运动

B. 曲线运动但加速度方向不变、大小不变，是匀变速运动

C. 曲线运动但加速度方向改变、大小不变，是非匀变速曲线运动

D. 曲线运动，加速度大小和方向均改变，是非匀变速曲线运动

第六章　天体运动

　　小学课本里有一则曹冲称象的故事，面对体积庞大的大象，曹冲利用石头和船，巧妙地计算出了大象的重量。当然，在现代社会中，给大象称重已经不是一个难题了，即便是比大象更大的东西，比如船帆战舰，人们都能准确地计算出它们的体积和体重。

　　但是，还有一样东西，我们能够计算出它的重量吗？

　　大家都知道，地球的万物之源都来自于遥远的太阳，是它给了我们能量和生命。但它是遥远的、庞大的，更是难以接近的。面对太阳，同学们你们知道如何去计算它的重量吗？

　　今天，就请大家跟我一起，追随许许多多科学家的探索脚步，一起探索太阳的秘密，探索太阳和地球的情缘吧。

第一节　地球绕着太阳转

牛顿如是说

无论做什么事情，只要肯努力奋斗，是没有不成功的。

　　同学们都知道，地球围绕太阳旋转，可是，具体是怎样旋转的呢？

　　地球围绕太阳公转，在给定能量的条件下，可能的轨道有无数条，圆轨道只是其中的一条而已。如果想要地球按正圆轨道运行，地球的能量、动量需要满足一定条件。就是任一时刻，地球的动能 E_k 和势能 E_p 的关系满足

$E_k=-E_p/2$。或者说当 $E_k=-E_p/2$ 时，地球运动方向垂直于日地连线。这个条件非常苛刻，基本上无法达到。另外，即便地球能够在正圆轨道上运行，一点微小的扰动都可能改变这种状态。所以，地球围绕太阳的公转是在椭圆轨道上运行的。

地球绕太阳公转时，平均角速度是每年 360 度，即每日 59 分。平均线速度为每年 9.4 亿千米，即每秒 29.78 千米。即时角速度和即时线速度随季节变化而变化，在能量守恒的前提下，离太阳越近，位能越小，动能则越大，即时线速度和即时角速度就越大。在角动量守恒的前提下，即在相等长度的时间内，地球、太阳连线所扫过的面积是恒定的。

地球的自转轴与其公转的轨道面成 66 度 34 分的倾斜。这个角度同人们拿铅笔书写时笔杆与桌面的倾斜相仿，就好像地球"斜着身体"绕太阳公转。

地球的自转同公转之间的关系，天文学和地理学上通常用它的余角（23 度 26 分），即赤道面与轨道面的交角来表示；而在地心天球上，则表现为黄道与天赤道的交角，并被称为黄赤交角，又称"黄赤大距"。黄道与天赤道的两个交点，叫白羊宫（白羊座）第一点和天秤宫（天秤座）第一点，在北半球分别称为春分点和秋分点，合称二分点。黄道上距天赤道最远的两点，分别叫巨蟹宫（巨蟹座）第一点和摩羯宫（摩羯座）第一点，即北半球的夏至点和冬至点，合称二至点。

黄赤交角在天球上也表现为南北天极对于南北黄极的偏离。天轴垂直于赤道面，黄轴垂直于黄道面，既然黄赤交角是 23 度 26 分，那么，天极对于黄极的偏离，必然也是 23 度 26 分。

黄赤交角的存在具有重要的天文和地理意义。它是地轴进步的成因之一，也是视太阳日长度周年变化的主要原因。并且，黄赤交角还是地球上四季变化和五带区分的根本原因。

现在同学们对于地球的公转是不是了解得更全面了？

牛顿的科学百宝箱

"Wow，还有更多有意思的事情，跟我来吧！"

用星星代表时间

由于地球是绕着太阳转的，天空中的恒星随着一年四季的变化也以不同的位置出现在夜晚的天空中，所以古埃及人、古希腊人以天空中的星星来表示时间。

古埃及人把天狼星和太阳一同升起的那一天当作一年的年头，在这一天尼罗河水开始上涨。

而古希腊人划分得更加精确，把一个区域里面的星星看作是一个组合，称之为星座。在古希腊星相学中，最终确立了黄道十二星座，又称为"黄道十二宫"。太阳在黄道上自西向东运行，在黄道两边的一条带上大致分布着十二个星座，它们是白羊座、金牛座、双子座、巨蟹座、狮子座、处女座（室女座）、天秤座、天蝎座、射手座（人马座）、摩羯座、水瓶座和双鱼座。地球上的人在一年内能够先后看到它们。

古代中国人也用星星来代表时间，这就是著名的"四象二十八宿"。四象（或作四相）在中国传统文化中指青龙、白虎、朱雀、玄武，分别代表东西南北四个方向。四象分布于黄道和白道近旁，环天一周。每象各分七段，称为"宿"，总共为二十八宿。"四象二十八宿"相对于天狼星和黄道十二宫划分更细，再结合中国的传统节气"二十四节气"，就是一部简单的历法书。

牛顿考考你

"我相信你也是科学高手，你会做下面的题目吗？"

1. 人造卫星在运行中因受高空稀薄空气的阻力作用，绕地球运转的轨道半径会慢慢减小，在半径缓慢变化过程中，卫星的运动还可近似当作匀速圆周运动。当它在较大的轨道半径 r_1 上时运行线速度为 v_1，周期为 T_1，后来在较小的轨道半径 r_2 上时运行线速度为 v_2，周期为 T_2，则它们的关系是（　　）。

  A. $v_1 < v_2, T_1 < T_2$ B. $v_1 > v_2, T_1 > T_2$

  C. $v_1 < v_2, T_1 > T_2$ D. $v_1 > v_2, T_1 < T_2$

  2. 两个质量均为 m 的星体，其连线的垂直平分线为 AB。O 为两星体连线的中点，如图，一个质量为 m 的物体从 O 沿 OA 方向运动，则它受到的万有引力大小变化情况是（　　）。

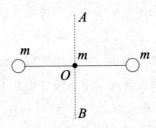

  A. 一直增大   B. 一直减小

  C. 先减小，后增大   D. 先增大，后减小

  3. 土星外层上有一个土星环，为了判断它是土星的一部分还是土星的卫星群，可以通过环中各层的线速度与该层到土星中心的距离 R 之间的关系来判断：

  ①若 $v \propto R$，则该层是土星的一部分　②$v^2 \propto R$，则该层是土星的卫星群

③若 $v \propto \dfrac{1}{R}$，则该层是土星的一部分　④若 $v^2 \propto \dfrac{1}{R}$，则该层是土星的卫星群

  以上说法正确的是（　　）。

  A. ①②   B. ①④

  C. ②③   D. ②④

  4. 在太阳黑子的活动期，地球大气受太阳风的影响而扩张，这样使一些在大气层外绕地球飞行的太空垃圾被大气包围，而开始下落。大部分垃圾在落地前烧成灰烬，但体积较大的则会落到地面上给我们造成威胁和危害，那么太空垃圾下落的原因是（　　）。

  A. 大气的扩张使垃圾受到的万有引力增大而导致的

B. 太空垃圾在燃烧过程中质量不断减小，根据牛顿第二定律，向心加速度就会不断增大，所以垃圾落向地面

C. 太空垃圾在大气阻力的作用下速度减小，那么它做圆周运动所需的向心力就小于实际受到的万有引力，因此过大的万有引力将垃圾拉向了地面

D. 太空垃圾上表面受到的大气压力大于下表面受到的大气压力，所以是大气的力量将它推向地面的

5. 关于第一宇宙速度，下列说法不正确的是（　　）。

A. 第一宇宙速度是发射人造地球卫星的最小速度

B. 第一宇宙速度是人造地球卫星环绕运行的最大速度

C. 第一宇宙速度是地球同步卫星环绕运行的速度

D. 地球的第一宇宙速度由地球的质量和半径决定的

6. 以 9.8 米／秒的水平速度 v_0 抛出的物体，飞行一段时间后垂直地撞在倾角为 θ =30 度的斜面上，可知物体完成这段飞行的时间是（　　）。

A. $\frac{\sqrt{3}}{3}$ 秒　　　　　　　　　　B. $\frac{2\sqrt{3}}{3}$ 秒

C. $\sqrt{3}$ 秒　　　　　　　　　　　D. 2 秒

7. 设在地球上和某天体上以相同的初速度竖直上抛一物体的最大高度之比为 k（均不计空气阻力），且已知地球和该天体的半径之比也为 k，则地球质量与天体的质量之比为（　　）。

A. 1　　　　　　　　　　　B. k

C. k^2　　　　　　　　　　D. 1/k

8. 假设在质量与地球质量相同，半径为地球半径两倍的天体上进行运动比赛，那么与在地球上的比赛成绩相比，下列说法正确的是（　　）。

A. 跳高运动员的成绩会更好

B. 用弹簧秤称体重时，体重数值变得更大

C. 从相同高度由静止降落的棒球落地的时间会更短些

D. 用手投出的篮球，水平方向的分速度变化更慢

第二节　万有引力定律

牛顿如是说

用钱谨慎将是基督生活的基本学习。

　　万有引力定律（Law of universal gravitation）是艾萨克·牛顿在 1687 年于《自然哲学的数学原理》上发表的。

　　自然界中任何两个物体都是相互吸引的，引力的大小与两物体的质量的乘积成正比，与两物体间距离的平方成反比。

　　公式表示：

$$F = G \frac{m_1 m_2}{r^2}$$

F：两个物体之间的引力

G：万有引力常量

m_1：物体 1 的质量

m_2：物体 2 的质量

r：两个物体之间的距离

依照国际单位制，F 的单位为牛顿（N），m_1 和 m_2 的单位为千克（kg），r 的单位为米（m），常数 G 近似地等于：

$G = 6.67 \times 10^{-11}$ N·m²·kg²（牛顿平方米每二次方千克）。

　　万有引力定律是解释物体之间的相互作用的引力的定律，是物体（质点）间由于它们的质量而引起的相互吸引力所遵循的规律。

　　伽利略在 1632 年实际上已经提出离心力和向心力的初步想法。布里阿德在 1645 年提出了引力平方比关系的思想。牛顿在 1665—1666 年的手稿中，用自己的方式证明了离心力定律，但向心力这个词可能首先出现在《论回转物体的运动》的第一个手稿中。一般人认为离心力定律是惠更斯在 1673 年发表的《摆钟》一书中提出来的。根据 1684 年 8—10 月间牛顿写的《论回转物体的运动》一文手稿中，牛顿很可能在这个手稿中第一次提出向心力及其定义。定义：我把将一个物体推或拉向中心的力称作向心力。从离心力概念向向心力概念的转变，是发现引力平方反比定律的重要步骤。

万有引力与相作用的物体的质量乘积成正比，是发现引力平方反比定律过渡到发现万有引力定律的必要阶段。牛顿从 1665 年至 1685 年，花了整整 20 年的时间，才研究出离心力—向心力—重力—万有引力概念的演化顺序，终于提出"万有引力"这个概念。牛顿在《自然哲学的数学原理》第三卷中写道："最后，如果由实验和天文学观测，普遍显示出地球周围的一切天体被地球重力所吸引，并且其重力与它们各自含有的物质之量成比例，则月球同样按照物质之量被地球重力所吸引。另一方面，它显示出，我们的海洋被月球重力所吸引；并且一切行星相互被重力所吸引，彗星同样被太阳的重力所吸引。由于这个规则，我们必须普遍承认，一切物体，不论是什么，都被赋与了相互的引力（Gravitation）的原理。因为根据这个表象所得出的一切物体的万有引力（Universal gravitation）的论证……"。

牛顿的科学百宝箱

"Wow，还有更多有意思的事情，跟我来吧！"

天体物理学

天体物理学是研究宇宙的物理学，这包括星体的物理性质（光度、密度、温度、化学成分等）和星体与星体彼此之间的相互作用。应用物理理论与方法，天体物理学探讨恒星结构、恒星演化、太阳系的起源和许多跟宇宙学相关的问题。由于天体物理学是一门很广泛的学问，天文物理学家通常涉及很多不同的学术领域，包括力学、电磁学、统计力学、量子力学、相对论、粒子物理学等。由于近代跨学科的发展，天体物理学与化学、生物、历史、计算机、工程、古生物学、考古学、气象学等学科有效融合，现已有三百到五百门主要专业分支，成为物理学当中最前沿的庞大领导学科，是引领近代科学及科技重大发展的前导科学，同时也是历史最悠久的古老传统科学。

牛顿考考你

"我相信你也是科学高手，你会做下面的题目吗？"

1. 在"水流星"的杂技表演中，水不会流出来必须满足的条件是（　　）。

A. $v = \sqrt{gr}$ B. $v < \sqrt{gr}$ C. $v > \sqrt{gr}$

第三节　我们的向心力来自地球自转

牛顿如是说

如果我们从一个方向想不通问题，不妨换一个方向来想。

这一节我们好好研究一下向心力吧！

牛顿说物体之间本身存在的引力所产生的力，就是万有引力了。于是，可以说地球的向心力是由地球本身的自转所产生的向心力，使地球上的物体都向地球核心方向靠拢。

万有引力和向心力的的合力就是物体对地面的压力，即我们所说的重力。

向心力为何不把物体拉向圆心？

做圆周运动的物体，速度的方向时刻要改变，为了改变物体速度的方向，需要一定大小的力，此时，向心力的大小恰好就等于物体所需要的力，因而它没有余力将物体拉向圆心。事实上，当给予的拉力大于所需的向心力时，确实会将物体拉向圆心；相反，如果所给予的力小于物体所需的向心力，那么物体就会在水平切线方向有一个分速度，从而做偏离圆周轨道的曲线运动。

世界上任何物体都存在两种力来维持平衡，人站在地球上，自然就会有一个重力的产生，同时也会有一个双腿的支撑力来做反作用力，进而使两种力互相作用，来维持平衡。向心力和离心力也是同样的道理。只有向心力，物体就会被拉到轴心；只有离心力，物体就会飞出圆周。所以两种力互相作用，才维持了平衡，使向前的力产生作用。

圆周运动按照速度大小是否变化可以分为匀速圆周运动和非匀速圆周运动。

做匀速圆周运动的物体，速度大小不变，只是方向改变，因此匀速圆周运动物体的加速度永远指向圆心，其大小不变；合外力亦总是指向圆心，大小不变。而非匀速圆周运动的物体呢，其速度方向和大小均会改变，它除了有指向圆心的加速度之外，还有沿切线方向的加速度，所以非匀速圆周运动物体的合加速度不指向圆心，其所受合外力也不指向圆心。

牛顿的科学百宝箱

"Wow，还有更多有意思的事情，跟我来吧！"

黑洞的成因

当前，关于宇宙黑洞类天体运动的成因还是很复杂的。大家可能知道我们太阳系引力场最大的是太阳，而银河系的中心则早在一百亿年前就形成了，它的引力场极高、密度极大。通过科学界的研究认证，银河系中心存在超大密度和引力场非常强的天体，致使大量的恒星系不断地向银河系中心聚集。在银河系核心强引力的作用下，一些不断聚集在银河系中心的恒星系又被不断地压缩，使银河中心的超大质量天体密度变得越来越大，最终将导致银河系中心的引力场越来越强。由于银河中心剧烈的物质核聚变，使银河系中心的温度继续急剧增高，引力也继续急剧加大，会将大部分靠近的恒星继续压缩成为一个密度不断增高、引力不断加大的新天体。此时，银河中心也就形成了连光线也都难以逃脱的强引力黑洞类天体。其实，这个黑洞并不黑，只是因为银河系内的所有物质射线全都被它吸引了，连光线也不再折射出来，所以我们就不会看到这个天体的存在，自然而然的也就形成了黑色。银河系既然如此，其他的星系和浩瀚的宇宙中心也是如此。宇宙中数不清的黑洞类天体继续不断地增大，最终致使宇宙各星系的所有物质被自身的黑洞吞并，然后再由一个超大质量的黑洞天体将所有的小质量的黑洞吞并成为一个奇点，宇宙又回到了大爆炸的初期状态。

牛顿考考你

"我相信你也是科学高手，你会做下面的题目吗？"

1. 西昌卫星发射中心的火箭发射架上，有一待发射的卫星，它随地球自转的线速度为 v_1、加速度为 a_1；发射升空后在近地轨道上做匀速圆周运动，线速度为 v_2、加速度为 a_2；实施变轨后，使其在同步卫星轨道上做匀速圆周运动，运动的线速度为 v_3、加速度为 a_3。则 v_1、v_2、v_3 的大小关系和 a_1、a_2、a_3 的大小关系是（　　）。

　　A. $v_2 > v_3 > v_1$，$a_2 < a_3 < a_1$

B. $v_2 > v_3 < v_1$, $a_2 > a_3 > a_1$

C. $v_2 > v_3 > v_1$, $a_2 > a_3 > a_1$

D. $v_3 > v_2 > v_1$, $a_2 > a_3 > a_1$

2. 小球做匀速圆周运动的过程中，以下各量不发生变化的是（　　）。

A. 线速度　　　　　　　　B. 角速度

C. 周期　　　　　　　　　D. 向心加速度

第四节　角度的变化也有速度

牛 顿 如 是 说

把简单的事情考虑得很复杂，可以发现新领域；把复杂的现象看得很简单，可以发现新规律。

你们知道什么是以角度为单位的速度吗？

其实这就是角速度。

连接运动质点和圆心的半径在单位时间内转过的弧度叫作角速度，它是描述物体转动或一质点绕另一质点转动的快慢和转动方向的物理量。

在国际单位制中，角速度的单位是弧度／秒（rad/s）。（1rad =360 度／（2π）≈ 57 度 17 分 45 秒）

角速度可以用来描述转动速度的快慢。它的方向一般垂直于转动平面，可以通过右手螺旋定则来确定。通常用希腊字母 Ω（大写）或 ω（小写）来表示。

在二维坐标系中，角速度是一个只有大小没有方向的伪矢量，而非矢量。为什么角速度不是标量呢？标量与伪矢量不同的地方在于，当 x 轴与 y 轴对调时，标量不会因此而改变正负符号，然而伪矢量却会因此而改变。所以角度及角速度均是伪矢量。以一般的定义，从 x 轴转向 y 轴的方向为转动的正方向。如果坐标轴对调，而物体的转动不变，则角度的正负符号将会改变，因此角速度的正负号也跟着改变。在三维坐标系中，角速度会变得比较复杂。在此状况下，角速度通常被当作向量来看待。

牛顿的科学百宝箱

"Wow，还有更多有意思的事情，跟我来吧！"

热传递

热传递，是指热从温度高的物体传到温度低的物体，或者从物体的高温部分传到低温部分的过程。它是自然界普遍存在的一种自然现象。只要物体之间，或者同一物体的不同部分之间存在着温度差，就会有热传递现象发生，并且将一直继续到温度相同时为止。

发生热传递的唯一条件是存在温度差，而与物体的状态、物体间是否接触都没有关系。

热传递有三种方式。

1. 传导：

它依靠物体内部的温度差，或者两个不同物体的直接接触，不产生相对运动，仅依靠物体内部微粒的热运动传递热量。

2. 对流：

流体中温度不同的各部分之间发生相对位移时所引起的热量传递的过程叫作对流，可以细分为：

（1）自然对流：依靠物体的密度差，引起密度变化的最大因素是温度。

（2）受迫对流：受到机械作用或压力差而引起的相对运动。

3. 热辐射：

物体通过电磁波传递能量的过程称为辐射，它是由于热的原因，物体的内能转化为电磁波的能量而进行的辐射。

OK，任何物体都能发生热辐射。

一般情况下，热传递的三种方式往往是同时进行的。

牛顿考考你

"我相信你也是科学高手,你会做下面的题目吗?"

1. 正常走动的钟表其时针和分针都在做匀速转动,下列关系中正确的有( )。

    A. 时针和分针角速度相同

    B. 分针角速度是时针角速度的 12 倍

    C. 时针和分针的周期相同

    D. 分针的周期是时针周期的 12 倍

2. 关于匀速圆周运动下列说法中正确的是( )。

    A. 线速度的方向保持不变

    B. 线速度的大小保持不变

    C. 角速度大小不断变化

    D. 线速度和角速度都保持不变

第五节 用速度计算地球的质量

牛顿如是说

有时候,爱情就像是树上的一只苹果,当你无意中散步到树下时,它可能一下子就掉下来砸在你的头上!

每隔一段时间,同学们可能都会称体重、量身高,看看自身最近的变化。可是同学们有没有想过,我们大家共同的母亲——地球,又发生了哪些变化?

谁能给她称一称体重呢?

人类所居住的地球,是一个非常巨大的球体。但是,还真有人测量出过地球的质量。他就是英国科学家亨利·卡文迪许(1731—1810)。1798 年,卡文迪许通过巧妙实验,间接测量出了地球巨大的质量数值,被人们誉为"第一个称地球的人"。

1731 年 10 月 10 日,亨利·卡文迪许诞生于英国的一个贵族家庭中,这个家族地位非常显赫,家财豪富。但是卡文迪许从小却十分喜爱读书,富于幻想,求知欲强。青少年时期打下的牢固基础,对他一生中在科学上取得的成就有很大的作用。

卡文迪许生活的年代,正是自然科学飞速发展的时期,同时也面临着许多难题。其中"称出地球质量",就是最著名的一个。当时地球的半径经过测量和计算已经知道约为 6400 千米,地球的表面积通过测量和计算,已经知道约为 5.1×10^{14} 平方米,地球的体积通过计算也知道约为 1.08×10^{21} 立方米。这都是极其巨大的数字。那么,人们自然非常想知道:地球的质量究竟是多少呢?

当时,很多科学家都试图找到"称地球"的方法。有人提出使用计算方法:现在,地球体积已经知道了,再设法求出它的平均密度,然后利用质量 = 密度 × 体积的公式,就可以求出地球质量。这种利用物理学密度公式计算的方法有一些道理,可是这种方法却无法计算出地球实体的质量数值——因为地球的物理结构非常复杂,构成地球各部分的密度不同、差别很大,况且地球中心的密度根本无法知道。所以当时有权威断言:人类永远不会知道地球的质量!

在前人研究的基础上,卡文迪许开始了新的攀登。他测量地球的密度是从求万有引力定律中的常数来着手的。其指导思想极其简单:用两个大铅球,使它们接近两个小球。从悬挂小球的金属丝的扭转角度,测出这些球之间的相互引力。根据万有引力定律,就可以求出常数 G。卡文迪许经过多次实验,测算出地球的平均密度是水密度的 5.481 倍(现在的数值为 5.517,误差为 0.65253% 左右),并确定了万有引力常数。他测得的引力常数 G 是 $(6.754 \pm 0.041) \times 10^{11} \mathrm{N \cdot m^2/kg^2}$,这个值同现代值 $(6.6732 \pm 0.0031) \times 10^{11} \mathrm{N \cdot m^2/kg^2}$,相差无几。由此,卡文迪许计算出了地球的质量,被誉为"第一个称地球的人"。

牛顿的科学百宝箱

"Wow，还有更多有意思的事情，跟我来吧！"

额定功率

　　额定功率是指电器在正常工作时的功率。它的值为电器的额定电压乘以额定电流。如果电器的实际功率大于额定功率，则电器可能会损坏；如果实际功率小于额定功率，则电器可能无法运行。

　　额定功率用物理公式表示，就是：$P_额 = U_额 \times I_额$。它的单位是瓦特（W），简称瓦。

　　机器的额定功率往往是一定的，$P=Fv$，所以机器产生的力和运转速度成反比。例如，当汽车行驶在平坦的柏油路面时，需要的牵引力 F 较小，则时速 V 就可以大些；当路不平坦或者上山时，汽车需要的牵引力大，就必须改用低速行驶。

　　对车载电源来说，额定功率一般是指能够连续输出的有效功率；也就是在正常的工作环境下，可以持续工作的最大功率。由于车载电源的电力一般来源于汽车中的电瓶，因此它的额定功率不会很大，一般在 100～800W 之间。

牛顿考考你

"我相信你也是科学高手，你会做下面的题目吗？"

1. 下列说法符合史实的是（　　）。

　A. 牛顿发现了行星的运动规律

　B. 开普勒发现了万有引力定律

　C. 卡文迪许第一次在实验室里测出了万有引力常量

D. 牛顿发现了海王星和冥王星

2. 下列说法正确的是（　　）。

    A. 第一宇宙速度是人造卫星环绕地球运动的速度

    B. 第一宇宙速度是人造卫星在地面附近绕地球做匀速圆周运动所必须
具有的速度

    C. 如果需要，地球同步通讯卫星可以定点在地球上空的任何一点

    D. 地球同步通讯卫星的轨道可以是圆的也可以是椭圆的

3. 关于环绕地球运转的人造地球卫星，有如下几种说法，其中正确的是
（　　）。

    A. 轨道半径越大，速度越小，周期越长

    B. 轨道半径越大，速度越大，周期越短

    C. 轨道半径越大，速度越大，周期越长

    D. 轨道半径越小，速度越小，周期越长

第六节　用速度计算太阳的质量

牛 顿 如 是 说

一切事物在位置和时间状况上的差异，只可能出自一个真的
必然存在的理念和意志。

    上一节中，我们了解了地球的质量，我相信一定会有同学很好奇，既然
我们能计算地球的质量，那么能不能计算出太阳的质量呢？

    当然没问题。

    由于地球围绕太阳公转时，万有引力提供公转所需的向心力。因此，
$m \cdot (\frac{2\pi}{t})^2 \cdot r = \frac{G \cdot M \cdot m}{r^2}$，解方程时行星质量 m 被消去了。由此解得太阳
质量 $M = 4 \times \pi^2 \times r^3 / (G \times t^2)$。

今天，使用行星际雷达已经测出很准确的天文单位和G，因此我们能够算出，太阳的总质量大约为 1.989×10^{30} 千克（一般取 2.0×10^{30} 千克）。这个数值大约是地球质量的 33 万倍，并且占整个太阳系质量的 99.8%。

太阳的平均密度为 1.4 克每立方厘米，比水略大一些。但是太阳里外的密度是不一样的。它的外壳大部分为气体，密度很小。但是越往里面，物质越稠密，密度越大。核心的密度可能为 160 克每立方厘米，这比钢的密度还要大将近 20 倍。

太阳每时每刻都在稳定地向宇宙空间发射能量，其中只有约 22 亿分之一的能量主要以辐射形式来到地球，成为地球上光和热的主要来源。太阳的核心不停地发生着氢核聚变成为氦核的热核反应，每秒钟烧掉 6 亿多吨氢核燃料，在聚变为氦时，实际消耗的氢核约为 400 万吨。太阳的巨大能量就是这样产生的。

怎么样，是不是觉得很神奇呢？

牛顿的科学百宝箱

"Wow，还有更多有意思的事情，跟我来吧！"

右手定则

右手定则主要应用于数学和物理，是由英国电机工程师约翰·弗莱明（John Fleming）于 19 世纪末期发明的定则，所以也称弗莱明右手定则。弗莱明最初发明的用意，是用来帮助他的学生易如反掌地求出移动于磁场的导体所产生的动生电动势的方向。

弗莱明右手定则非常简单：张开右手，令右手的三根手指互相垂直，如果拇指的方向指向导体移动方向、食指指向磁场方向，那么中指的指向则为产生的电流方向。

对于物体或流体的旋转、磁场等，可以使用右手定则来设定矢量。

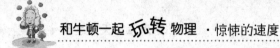

反过来，对于由矢量设定的旋转的案例，可以用右手定则来了解旋转的转动方式。

　　发明了右手定则的弗莱明，其一生的成就并不仅于此，他还发明了二极管和真空管。

牛顿考考你

"我相信你也是科学高手，你会做下面的题目吗？"

　　1．水平桌面上，物体在水平拉力 F 的作用下向右运动，当它离开桌面时，假如所受的一切外力同时消失，那么它将（　　）。

　　　　A．沿竖直方向下落　　　　B．沿水平方向向右做匀速直线运动

　　　　C．做曲线运动　　　　　　D．无法判断

　　2．一个木块放在表面光滑的小车上并随小车一起向左做匀速直线运动，当小车遇到障碍物而突然停止运动时，小车上的木块将（　　）。

　　　　A．立即停下来　　　　　　B．立即向前倒下

　　　　C．立即向后倒下　　　　　D．仍继续向左做匀速直线运动

第七节　世界标准时间的误差

牛顿如是说

大学里绝不会教你如何生存；同样道理，大学教授也和我们一样，简直对此事一无所知。

我相信每位同学都有算错数的时候，也许大家会觉得这是一个严重的错误，但是我想告诉大家，不用太自责。因为连世界时间也会有误差呢。我们的世界标准时间出现误差的原因是，我们有两套计量时间的标准：恒星日与太阳日。恒星日是以距离无限远的恒星为标准，太阳日是以太阳为标准。一个恒星日是某地经线连续两次通过同一恒星与地心连线的时间间隔，为23时56分4秒，实际上是地球的自转周期。一个太阳日是某地经线连续两次与日地中心连线相交的时间间隔，为24时，实际上是一个昼夜交替周期。恒星日比太阳日长，这是由于地球公转和自转是同向的。

全球共有24条时间经度线。在1884年召开的华盛顿国际经度会议上，规定了计算各国各地时间的方法，但是在一些重大的全球性活动中，还需要一个全球范围内、大家都共同遵守的统一时间，因此又规定了国际标准时间。国际标准时间要求全球范围内，都以零经度线上的时间作为国际上统一采用的标准时间。因为零经度线通过英国的格林尼治天文台，所以国际标准时间也称为格林尼治时间，又称世界时。

由于这种时间使用不便，所以1999年12月28日，一种新的时间系统——格林尼治电子时间（GET）正式诞生，它为全球电子商务提供了一个时间标准。而原有的格林尼治时间（GMT）仍将保留，作为21世纪的世界标准时间。

国际标准时间的应用比较广泛，它最先用于航海定位，后来在南极科学考察中也得到应用。在南极洲，纬度很高，经线特别集中，时区范围很窄，加上那里太阳出没不太明显，时间与当地人们的作息活动关系不大，因此南极洲的科学考察站，全部采用国际标准时间。此外，国际标准时间还用于国际协定、国际通讯、天文观测和推算以及一些国际性事务，以取得全球的一致性。

国际上规定格林尼治天文台所在的时区即零时区，这个时区内一般都用这个时间。一个时区跨15个经度。我国用的时间是北京时间，东8区。事实上我国的疆域远不只15个经度，而是跨了5个时区，但是为了方便行政管理和民众生活，就都采用东8区的时间。

牛顿的科学百宝箱

"Wow，还有更多有意思的事情，跟我来吧！"

安培定律

安培定律又称安培环路定律，也叫右手螺旋定则。它是由安德烈 - 玛丽·安培在 1826 年提出的一条静磁学基本定律。

安培定律指明：磁感应场强度矢量沿任意闭合路径一周的线积分等于真空磁导率乘以穿过闭合路径所包围面积的电流代数和。

直线电流与环形电流都可以应用安培定则。在直线电流中应用安培定则时，用右手握住导线，让伸直的大拇指所指的方向跟电流的方向一致，那么弯曲的四指所指的方向就是磁感线的环绕方向；在环形电流中应用安培定则时，让右手弯曲的四指和环形电流的方向一致，那么伸直的大拇指所指的方向就是北极。

安培定律与右手定则有密切的联系。在电磁场中，如果将右手的大拇指指向电流方向，再将四根手指握紧电线，那么弯曲的方向就是磁场方向。

牛顿考考你

"我相信你也是科学高手，你会做下面的题目吗？"

1. 同步卫星是指相对于地面不动的人造地球卫星，（   ）。

    A. 它可以在地面上任一点的正上方，且离地心的距离可按需要选择不同值

    B. 它可以在地面上任一点的正上方，但离地心的距离是一定的

C. 它只能在赤道的正上方，但离地心的距离可按需要选择不同值

D. 它只能在赤道的正上方，且离地心的距离是一定的

2. 科学家们推测，太阳系的第十颗行星就在地球的轨道上，从地球上看，它永远在太阳的背面，人类一直未能发现它，可以说是"隐居"着的地球的"孪生兄弟"。由以上信息可以确定（　　　）。

A. 这颗行星的公转周期与地球相等

B. 这颗行星的半径等于地球的半径

C. 这颗行星的密度等于地球的密度

D. 这颗行星上同样存在着生命

3. 若已知行星绕太阳公转的半径为 r，公转的周期为 T，万有引力恒量为 G，则由此可求出（　　　）。

A. 某行星的质量　　　　　　　　B. 太阳的质量

C. 某行星的密度　　　　　　　　D. 太阳的密度

第八节　天空立法者开普勒

牛顿如是说

在一切大事业上，人在开始前要像千眼神那样察看时机，而在进行时要像千手神那样抓住时机。

我们抬头就能望见广阔的天空，但又是谁最先揭开了它的面纱呢？这一节，我们就来好好了解一下那位天空的立法者开普勒吧，看看他是怎么向我们诉说天空的故事的！

大家都知道，在由"地心说"向"日心说"转变的过程中，哥白尼、伽利略都曾作出过巨大的贡献。但是，竟哥白尼事业之功、揭开行星运动之谜的，

最终是不朽的德国天文学家约翰·开普勒。

开普勒出生于德国南部的瓦尔城。他的一生颠沛流离，是在宗教斗争（天主教和新教）的情势中度过的。他原是个新教徒，从学校毕业后，进入新教的神学院——杜宾根大学攻读，本想将来当个神学者，但后来却对数学和天文学发生了浓厚的兴趣和爱好。

杜宾根大学的天文学教授米海尔·麦斯特林（1550—1631）是赞同哥白尼学说的。麦斯特林在公开的教学中讲授托勒玫体系，暗地里却对最亲近的学生宣传哥白尼体系。开普勒是深受麦斯特林赏识的学生之一，他从这位老师那里接受哥白尼学说后，就成为新学说的热烈拥护者。他称哥白尼是个天才横溢的自由思想家，对日心体系予以很高评价。

开普勒能言善辩，喜欢在各种集会上发表见解。因而引起学院领导机构——教会的警惕，认为开普勒是个"危险"分子。学院毕业的学生大都能去当神甫，开普勒却未获许可，他只得移居奥地利，靠麦斯特林的一点帮助在格拉茨高等学校中担任数学和天文学讲师，及编制当时盛行的占星历书。

占星术是一门伪科学，开普勒不信这一套。他不相信天上那些星星的运行和地上人类生息的祸福命运会有什么相干！他曾为从事此项工作自我解嘲说："作为女儿的占星术，若不为天文学母亲挣面包，母亲便要挨饿了。"

后来，伟大的天文学家第谷·布拉赫邀请开普勒去布拉格附近的天文台给自己当助手。开普勒接受了这一邀请，翌年，第谷去世。开普勒在这几个月来给人留下了非常美好的印象，不久圣罗马皇帝鲁道夫就委任他为接替第谷的皇家数学家。开普勒在余生一直就任此职。

开普勒一生最大的贡献在于行星三大定律。行星运动第一定律认为：每个行星都在一个椭圆形的轨道上绕太阳运转，而太阳位于这个椭圆轨道的一个焦点上。行星运动第二定律认为：行星运行离太阳越近，则运行就越快，行星的速度以这样的方式变化——行星与太阳之间的连线在等时间内扫过的面积相等。行星运动第三定律认为：行星距离太阳越远，它的运转周期越长；运转周期的平方与到太阳之间距离的立方成正比。

开普勒定律对行星绕太阳运动做了一个基本完整、正确的描述，解决了天文学的一个基本问题，因此他对天文学的贡献几乎可以和哥白尼相媲美。

牛顿的科学百宝箱

"Wow，还有更多有意思的事情，跟我来吧！"

光 年

光年是一个长度单位，一般被用于衡量天体间的距离，是指光在真空中行走一年的距离。它是由时间和光速计算出来的，数值大约是94.6千亿千米（或58.8千亿英里）。

光年一般用于天文学中，用来度量很大的距离，如太阳系跟恒星之间的距离。

光年是个非常巨大的数值。目前人造的最快物体是1970年联邦德国和美国NASA联合建造并发射的Helio-2卫星，最高速度为每秒70.22千米（即每小时252792千米），即使以这样的速度，飞越1光年的距离仍然约需要4000年的时间。

太阳与其最近的恒星半人马座a星相距43万亿千米，人类观察到的最远的星星，是这个数字的30多亿倍。在这种情况下使用光年就容易多了——太阳与半人马座a星的距离为4.3光年，与最亮的恒星天狼星为8.7光年，与牛郎星和织女星的距离分别为16.63和26.3光年，与参宿七的距离为850光年；银河系的跨度达10万光年……

目前人类探知的最遥远的星星，距离地球已达150亿光年——如果这个星体正好是150亿年前宇宙大爆炸时诞生的，那么，人类现在看到的就是它刚刚诞生时发出的光。

第九节　算出来的行星

牛顿如是说

有些人，一生都在伟大真理海洋的沙滩上拾集晶莹的卵石。

　　说到太阳系的八大行星，同学们一定不陌生，但是你们知道吗，八大行星最外围的海王星，竟然是利用数学计算出来的！这一节，就让我们来好好了解一下这颗行星被算出来的过程吧！

　　太阳是个恒星，恒星就是非常巨大的火球，自己可以发光，因此很容易被科学家们观察到。但是行星就不一样，行星自己本身不会发光，它只能反射恒星的光，所以很难被发现。举例来说，自己能发光的恒星，就如同黑夜中的手电筒，很容易被发现；而不发光的行星，要发现就困难得多了。

　　随着社会的进步与发展，人们对于大自然和宇宙的秘密也越来越感兴趣。太阳系中的前面六大行星被发现得比较早。但是直到 1781 年，英国一位科学家赫歇耳，在一次用望远镜观察天象时，才发现了天王星。通过漫长时间的观察，到了 19 世纪，科学家发现天王星的运行总是比较调皮，有时候会偏离自己的轨道。这个问题引起了很多科学家的思考，其中也包括数学家贝塞尔。经过几十年不断研究，贝塞尔提出，在天王星的外侧，应该还有其他行星的存在，也许正是因为这颗未知的行星的引力，才造成了天王星的轨道偏离。

　　哦，这里有一个知识性的问题，需要大家知道。我们非常熟悉"太阳大，地球小，地球绕着太阳跑。地球大，月亮小，月亮绕着地球跑"的童谣。但这种现象的原因是什么呢？因为太阳和地球之间存在引力，地球和月亮之间也同样存在很大的引力。同理，相离不远的行星之间也会有很大的引力。正是根据引力现象，数学家才最终计算出了海王星。

当然，利用数学计算海王星并非易事，尤其在计算机还没有诞生的年代，必须对数学有着极好的基础才行。1843 年，英国剑桥大学一位 22 岁的学生亚当斯用最简单普遍的数学工具计算出了这颗未知行星的位置。要知道，他根据力学原理，利用微积分等数学工具，计算了整整 10 个月才计算出来这个结果。

遗憾的是，当时人们并不相信这个结果，于是这个伟大的发现就被埋没了。

但是真理不会永远被湮没的，几年之后，法国巴黎，一位非常年轻的天文台数学家勒维列也计算出了这颗新行星的轨道。

勒维列是个非常聪明的数学家。计算出之后，他并没有立刻把这一结果公布于众，而是精心想了一个办法：他在这一年的 9 月 18 日，写信给当时拥有详细星图的柏林天文台的工作人员加勒，在信上他写道，"先生，请你把望远镜对准黄道上的宝瓶星座，也就是在经度 326 度的地方，你将在离此点 1 度左右的区域内见到一颗未知的行星。"

加勒收到勒维烈的信后，按照这个信息去观察，很快就找到了一颗未知的星星。经过 24 小时的连续观察，加勒发现这颗未知的星星在恒星间移动着，由此可以确定这是一颗行星。他将这一发现告诉了其他天文学家，众人经过讨论之后，都公认它便是太阳系的第八颗大行星，并且根据希腊神话故事，将它命名为海王星——这就是人类利用笔头最早计算出来的行星。

利用数学计算，科学家们又陆续发现了许多其他天体。由此可见，宇宙的奥秘并不是无法为我们所知的，只要我们能够刻苦研究，发现宇宙的奥秘其实并不困难。

牛顿的科学百宝箱

"Wow，还有更多有意思的事情，跟我来吧！"

克莱因瓶

克莱因瓶（Klein bottle）主要应用于数学中，是一种不可定向的闭曲面。其特点是没有"内部"和"外部"之分。它最初的概念是由德国数学家菲利克斯•克莱因提出的。

1882年，著名数学家菲利克斯•克莱因（Felix Klein）发现了后来以他的名字命名的著名"瓶子"。这是一个像球面那样封闭的（也就是说没有边）曲面，但是它却只有一个面。形象地说，它像是一个瓶子，但是没有瓶底，它的瓶颈被拉长，然后似乎是穿过了瓶壁，最后瓶颈和瓶底圈连在了一起。如果瓶颈不穿过瓶壁而从另一边和瓶底圈相连的话，我们就会得到一个轮胎面（即环面）。

克莱因瓶最有趣的地方在于，一只苍蝇可以从瓶子的内部直接飞到外部，而不用穿过表面。这也是我们说它没有内外部之分的重要原因。

牛顿考考你

"我相信你也是科学高手，你会做下面的题目吗？"

1. 两行星 A、B 各有一颗卫星 a 和 b ，卫星的圆轨道接近各自行星表面，如果两行星质量之比 $m_A : m_B = p$，两行星半径之比 $R_A : R_B = q$ 则两个卫星周期之比 $T_A : T_B$ 为（　　　）。

A. $q \cdot \sqrt{\dfrac{q}{p}}$ 　　　　　　B. $q \cdot \sqrt{p}$

C. $p \cdot \sqrt{\dfrac{q}{p}}$ 　　　　　　D. $p \cdot \sqrt{qp}$

2. 一宇宙飞船绕地球做匀速圆周运动，飞船原来的线速度是 v_1，周期是 T_1，假设在某时刻它向后喷气做加速运动后，进入新轨道做匀速圆周运动，运动的线速度是 v_2，周期是 T_2，则（　　　）。

A. $v_1 > v_2$，$T_1 > T_2$ 　　　　　B. $v_1 > v_2$，$T_1 < T_2$

C. $v_1 < v_2$，$T_1 > T_2$ 　　　　　D. $v_1 < v_2$，$T_1 < T_2$

第七章 永远不变的运动的量

通过前面章节的学习，我们已经对速度有了足够的了解，可是速度终究只是运动的一方面。物体在运动时，除了速度，还有什么能够影响它的运行呢？

听说过小鸟撞毁飞机的故事吗？听说过子弹烤熟大雁的故事吗？这些都是运动产生的能量，有的转化成了动能，有的转化成了热能，但是在运动中，能量是永恒不变的。在某个地方产生并且消耗后，就会在另一个地方得到反映，同时产生等量的能量。

在这一章中，同学们继续跟着我一起来看看这个世界上奇妙的与运动有关的科学吧。

第一节 永动机

牛顿如是说

我始终把思考的主题像一幅画般摆在面前，再一点一线地去勾勒，直到整幅画僵僵地凸显出来。这需要长期的安静与不断的默想。

很早以前，人类就开始利用自然力为自己服务，大约 13 世纪，人类开始萌发了制造永动机的愿望。15 世纪，伟大的艺术家、科学家和工程师达·芬奇（Leonard do Vinci 1452—1519），也投入了永动机的研究工作。他曾设计过一台非常巧妙的永动机，但造出来后它并没永动下去。1475 年，达·芬奇认真总结了历史上的和自己的失败教训，得出了一个重要结论："永动机是不可能造成的。"在工作中他还认识到，机器之所以不能永动下去，应与摩擦有关。于是，他对摩擦进行了深入而有成效的研究。但是，达·芬奇始终没有，也不可能对摩擦为什么会阻碍机器运动做出科学解释，即他不可能意识到摩擦（机械运动）与热现象之间转化的本质联系。

此后，虽然人们还是致力于永动机的研制，但也有一部分科学工作者相继得出了"永动机是不可能造成的"结论，并把它作为一条重要原理用于科学研究之中。荷兰的数学力学家斯台文（Simon Stevin 1548—1620），于1586年运用这一原理通过对"斯台文链"的分析，率先引出了力的平行四边形定则。伽利略在论证惯性定律时也应用过这一原理。

尽管原理的运用已取得了如此显著的成绩，但人们研制永动机的热情不减。惠更斯（Huygens 1629—1695）在他1673年出版的《摆式时钟》一书中就反映了这种观点。书中，他把伽俐略关于斜面运动的研究成果运用于曲线运动，从而得出结论：在重力作用下，物体绕水平轴转动时，其质心不会上升到它下落时的高度之上。因而，他得出用力学方法不可能制成永动机的结论；但他却认为用磁石大概还是能造出永动机来的。针对这种情况，1775年，巴黎科学院不得不宣布：不再受理关于永动机的发明。

历史上，运用"永动机是不可能造成的"这一原理在科研上取得最辉煌成就的是法国青年科学家卡诺。

可见，从1475年达·芬奇提出"永动机是不可能造成的"起到1824年卡诺推出"卡诺定理"止，原理只能在机械运动和热质流动中运用，它远不是现代意义上的能量的转化和守恒定律，它只能是机械运动中的能量守恒的经验总结，是定律的原始形态。

永动机不可能造成。能量的转化和守恒定律及热力学第一定律，这三种表述在文献中是这样叙述的："热力学第一定律就是能量守恒定律。""根据能量守恒定律，……所谓永动机是一定造不成的。反过来，由永动机的造不成也可导出能量守恒定律。"……这里不难看出，几种表述是完全等价的。

牛顿的科学百宝箱

"Wow，还有更多有意思的事情，跟我来吧！"

什么是黑洞

　　黑洞的英文名称为 Black hol，但它并非我们日常认知中的"洞"。事实上，它是根据现代的广义相对论所预言的、在宇宙空间中存在的一种质量相当大的天体和星体。

　　黑洞是由质量足够大的恒星在核聚变反应的燃料耗尽而死亡后，发生引力坍缩而形成。由于黑洞的质量非常巨大，因此它产生的引力场也非常强，以至于任何物质和辐射都无法逃逸，甚至就连传播速度最快的光（电磁波）也逃逸不出来。这种特性有些类似于热力学上完全不反射光线的黑体，因此被称为黑洞。

　　目前公认的理论认为，黑洞只有三个物理量可以测量到：质量、电荷、角动量。也就是说，对于一个黑洞，一旦这三个物理量确定下来了，这个黑洞的特性也就唯一地确定了。

牛顿考考你

"我相信你也是科学高手，你会做下面的题目吗？"

　　1. 一物体静止在升降机的地板上，在升降机加速上升的过程中，地板对物体的支持力所做的功等于（　　）。

　　A. 物体势能的增加量

　　B. 物体动能的增加量

　　C. 物体动能的增加量加上物体势能的增加量

D. 物体动能的增加量加上克服重力所做的功

2. 下列对能量的转化和守恒定律的认识，正确的是（　　）。

A. 某种形式的能量减少，一定存在其他形式能量的增加

B. 某个物体的能量减少，必然有其他物体的能量增加

C. 不需要任何外界的动力而持续对外做功的机器——永动机是可以制成的

D. 石子从空中落下，最后停止在地面上，说明机械能消失了

3. 一颗子弹水平射入置于光滑水平面上的木块 A 并留在 A 中，A、B 是用一根弹性良好的弹簧连在一起，如图所示，则在子弹打击木块 A 并压缩弹簧的整个过程中，对子弹、两木块和弹簧组成的系统（　　）。

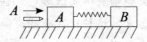

A. 系统机械能守恒

B. 系统机械能不守恒

C. 仅对 A、B 组成的系统机械能守恒

D. 无法判定

第二节　撞毁飞机的小鸟

牛顿如是说

每一个目标，我都要它停留在我眼前，从第一线曙光初现开始，一直保留，慢慢展开，直到整个大地一片光明为止。

　　同学们，新的学习篇章又拉开了。我们都知道，飞机的航行事故是人类出行时最为恐惧的灾难，可是你们知道什么是威胁航空安全最重要的因素之一吗？答案可能会让你瞠目结舌——正是小鸟。据统计，自1988年以来，由于鸟击引起的坠机事故已经造成190人死亡。在为逝者悲伤之余，我们不由会思考，体型小、重量轻的鸟类，与钢筋铁骨的飞机相撞应该是以卵击石的效果，为什么却能把飞机撞坏呢？

　　同学们还记得动量定理吗？根据动量定理，一只0.45公斤的鸟与时速80千米的飞机相撞，会产生153公斤的冲击力；一只7公斤的大鸟撞在时速960千米的飞机上，冲击力将达到144吨。由此可见，高速运动使得鸟击的破坏力达到惊人的程度，一只麻雀就足以撞毁降落时的飞机的发动机。

　　一般说来，飞行器的导航系统大多位于前部，由于导航的需要，这些设备的防护罩，包括挡风玻璃的机械强度大多较其他部位差，也因此更容易在受到鸟击后损坏。然而万幸的是，鸟飞行的高度有限，飞机下降到能撞鸟的高度一般都是在刚起飞或者快着陆时。这时飞机的速度并不是非常大，为150千米／小时左右。此时如果机头或者翼根等坚固部位遭遇鸟击问题并不大，最多把飞行员吓一跳。即使把驾驶舱玻璃撞碎，立即返航也不会有大的问题。

　　但是发动机就不一样了。发动机的叶片很薄，而且一直在高速旋转，很容易被打碎。更要命的是，发动机会以巨大的力量将周围空气吸入，因此附近的飞鸟只要处于发动机附近，就一定会被吸进去。巨大的冲撞力损坏发动机后，飞机就会立即失去大部分动力，这样它就只能依靠剩下的发动机挣扎返航。更可怕的是，如果发动机出现着火现象，飞行员必须立即关闭发动机，发生事故的危险性就会大幅增加。

　　因此，如果是起飞阶段撞鸟，飞行员一般会继续爬升到安全高度，然后调转机头返航。不必担心只有两台发动机的飞机在一台发动机失去动力后会掉下来。为了最大可能解决撞鸟问题，人们设计了双发飞机。这种飞机通常会将垂直尾翼设计得非常大，以保证飞机在只用一台发动机的情况下，仍能以一定上升率爬升到安全高度并支撑飞机返航。

牛顿的科学百宝箱

"Wow，还有更多有意思的事情，跟我来吧！"

反物质

提到反物质，必须先明确另一个概念：反粒子。

反粒子是相对于正常粒子而言的，其质量、寿命、自旋都与正常粒子相同，但是所有的内部相加性量子数（比如电荷、重子数、奇异数等）都与正常粒子大小相同、符号相反。反粒子按照通常粒子那样结合起来就形成了反原子。由反原子构成的物质就是反物质。

除了少数稍纵即逝的情况，例如放射衰变或宇宙射线等，自然界中无法找到反物质。这是因为物质与反物质结合时，双方会同时湮灭。因此在自然界中，即使存在反物质，它也会无可避免地随即与自然界的物质发生碰触并湮灭。因此反物质仅可能存在于像物理实验室这种人工环境下。

目前，反物质可以人为制造。制造方式为：由加速粒子打击固定靶产生反粒子，再减速合成。但是这一过程所需要的能量远大于湮灭作用所放出的能量，且生成反物质的速率极低，因此目前尚未有实际应用。

牛顿考考你

"我相信你也是科学高手，你会做下面的题目吗？"

1. 节日燃放礼花弹时，要先将礼花弹放入一个竖直的炮筒中，然后点燃礼花弹的发射部分。通过火药剧烈燃烧产生高压气体，将礼花弹由炮筒底部射向空中，若礼花弹由炮筒底部击发至炮筒口的过程中克服重力做功 W_1，克

服炮筒阻力做功 W_2，高压气体对礼花弹做功 W_3，则礼花弹在炮筒内运动的过程中（设礼花弹发射过程中质量不变）（　　）。

A. 动能的变化量为 $W_3+W_2+W_1$

B. 动能的变化量为 $W_3-W_2-W_1$

C. 机械能的变化量为 W_3-W_1

D. 机械能的变化量为 $W_3-W_2-W_1$

2. 滑块以速率 v_1 靠惯性沿固定斜面由底端向上运动，当它回到出发点时速率变为 v_2，且 $v_2 < v_1$。若滑块向上运动的位移中点为 A，取斜面底端重力势能为零，则（　　）。

A. 上升时机械能减少，下降时机械能增加

B. 上升时机械能减少，下降时机械能也减少

C. 上升过程中动能和势能相等的位置在 A 点上方

D. 上升过程中动能和势能相等的位置在 A 点下方

3. 关于"能量耗散"的下列说法中，正确的是（　　）。

①能量在转化过程中，有一部分能量转化为内能，我们无法把这些内能收集起来重新利用，这种现象叫作能量的耗散

②能量在转化过程中变少的现象叫能量的耗散

③能量耗散表明，在能源的利用过程中，即在能量的转化过程中，能量的数量并未减少，但在可利用的品质上降低了，从便于利用的变成不便于利用的了，而自然界的能量是守恒的

④能量耗散表明，各种能量在不转化时是守恒的，但在转化时是不守恒的

A. ①③　　　　　　　　B. ②④

C. ①④　　　　　　　　D. ②③

第三节　滚烫的弹头

牛顿如是说

没有根据我不制造假说。

同学们可能都看过电影《让子弹飞》，但是大家有没有想过一个有趣的问题，子弹无疑是冰冷的，那么它飞出枪膛后，依旧是冰冷的吗？

吹牛大王蒙豪森男爵曾经这样描述他的一次奇遇：

"有一天，我（吹牛大王蒙豪森男爵）打完猎往回走，忽然从我脚下，扑着翅膀跳出七只鹧鸪。我怎么能让这么好的野味从我手里逃走呢！

"我把猎枪装好——当然，我的子弹已经一颗不剩，我的枪膛里装的不是子弹，而是一根小铁条，就是擦枪用的普普通通的通条。我让猎犬把鹧鸪撵飞起来，便举枪射去。

"通条飞出枪膛，一连穿上七只鹧鸪，落在不远的草地上。我拾起来一看，不由得大吃一惊，鹧鸪竟然已经烤熟了！真的，已经烤熟了。

"其实这也是理所当然的事。因为我一开枪，小铁条在枪膛里被烧得火烫，鹧鸪被它一穿，自然就给烤熟了。"

这当然只是一个童话故事，但有一个细节却是正确的，那就是射出枪膛的小铁条会变得滚烫。同理可以推断，射出枪膛的子弹也是滚烫的。

那么原因呢？难道真如蒙豪森男爵所言，是由于火药对铁条或者子弹的加温？当然不是。这是因为子弹在被射出后，在空气中飞行，受到空气阻力的影响，速度会不断降低。在这个过程中，空气阻力一直在做功，所以子弹的动能会转变成子弹的热能，不停地加热子弹，最终让子弹变得滚烫。

相对来说，真正因为火药加温而变烫的反倒是弹壳和枪管呢。

牛顿的科学百宝箱

"Wow，还有更多有意思的事情，跟我来吧！"

平行宇宙

平行宇宙也叫作多重宇宙论，指的是一种在物理学里尚未证实的理论。根据这种理论，在我们的宇宙之外，很可能还存在着其他的宇宙。在那些宇宙中，基本物理常数和我们所认知的宇宙可能相同，也可能不同。

平行宇宙经常被用以说明一个事件不同的过程或者说一个不同的决定的后续发展是存在于不同的平行宇宙中的。换言之，以每一个事件的发生为基准，都同时存在着无数个平行宇宙。

平行宇宙这个名词是由美国哲学家与心理学家威廉·詹姆士在1895 年所发明的。以当前的科学方法，这个理论既无法被肯定，也无法被否认。所以在近代，这个理论已经激起大量科学、哲学和神学的问题，同时这个概念也被广泛运用于科幻小说中。

牛顿考考你

"我相信你也是科学高手，你会做下面的题目吗？"

1. 一个运动物体它的速度是 v 时，其动能为 E。那么当这个物体的速度增加到 $3v$ 时，其动能应该是（　　）。

　　A. E 　　　　　　　　　　B. $3E$

　　C. $6E$ 　　　　　　　　　　D. $9E$

2. 一个质量为 m 的物体，分别做下列运动，其动能在运动过程中一定发

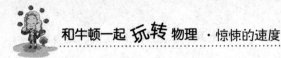

生变化的是（　　）。

    A. 匀速直线运动　　　　　　B. 匀变速直线运动

    C. 平抛运动　　　　　　　　D. 匀速圆周运动

3. 对于动能定理表达式 $W=EK_2-EK_1$ 的理解，正确的是（　　）。

    A. 物体具有动能是由于力对物体做了功

    B. 力对物体做功是由于该物体具有动能

    C. 力做功是由于物体的动能发生变化

    D. 物体的动能发生变化是由于力对物体做了功

第四节　动能定理

牛顿如是说

我的一生，就是在为证明上帝的存在而工作。

概念

动能具有瞬时性，是指力在一个过程中对物体所做的功等于在这个过程中动能的变化。动能是状态量，无负值。

合外力（物体所受的外力的总和，根据方向以及受力大小通过正交法能计算出物体最终的合力方向及大小）对物体所做的功等于物体动能的变化。即末动能减初动能。

表达式

$$W=W_1+W_2+W_3\cdots+W_n$$
$$\triangle W=E_{k2}-E_{k1}$$

其中，E_{k2} 表示物体的末动能，E_{k1} 表示物体的初动能。$\triangle W$ 是动能的变化，又称动能的增量，也表示合外力对物体做的总功。

1. 动能定理研究的对象是单一的物体，或者是可以堪称单一物体的物体系。

2. 动能定理的计算式是等式，一般以地面为参考系。

3. 动能定理适用于物体的直线运动，也适应于曲线运动；适用于恒力做功，也适用于变力做功；力可以是分段作用，也可以是同时作用，只要可以求出各个力的正负代数和即可，这就是动能定理的优越性。

一些疑问点说明

1. 动能是标量，本身不可以拿来进行矢量分解，但动能定理的运用中，可先求各分力在各自运动方向上所做的功，再来求代数和。

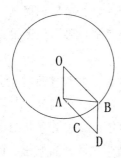

AB为合力，分解到切向上时等于重力BD分解
到切向上的分力（C是AD与圆的交点）

2. 动能定理一定是合外力做功，对于在竖直面内有绳牵引的圆周运动而言，之所以可以只用重力做功来列式是因为，直接求合力做功时，合力方向、大小都在改变，无法直接求解，用分力求解时拉力垂直于运动方向，该分力做功为 0，只剩重力做功。而合力不可能沿切线方向，当合力沿切线方向时，作图可知，此时没有力提供向心力。虽然圆弧长度大于竖直方向上的位移，但采用合力求功并不会小于重力做功的数值。

3. 动能定理要考虑内力做功，比如 A 物体放置在 B 物体上，合外力对 B 施加 aN，两物体间有摩擦力 bN，B 物体运动了 c 米，发生相对滑动为 d 米，A 对 B 做的负功大于 B 对 A 做的正功，所以系统总能量消耗了。

牛顿的科学百宝箱

"Wow，还有更多有意思的事情，跟我来吧！"

大爆炸

　　大爆炸的全称应该为大爆炸宇宙论，它是描述宇宙诞生初始条件及其后续演化的宇宙学模型。当今科学研究的发展和实际观测结果都给予了它最广泛且最精确的支持。

　　大爆炸宇宙论的核心观点为：宇宙是在过去有限的时间之前，由一个密度极大且温度极高的太初状态演变而来的，经过不断的膨胀，到达了今天的状态。

　　宇宙起源的大爆炸理论是由比利时神父、物理学家乔治·勒梅特首先提出的。这一模型的框架基于爱因斯坦的广义相对论，又在场方程的求解上作出了一定的简化。1964 年发现的宇宙微波背景辐射是支持大爆炸确实发生的重要证据，特别是当测得其频谱从而绘制出它的黑体辐射曲线之后，越来越多的科学家都开始相信大爆炸理论了。

牛顿考考你

"我相信你也是科学高手，你会做下面的题目吗？"

1. 某物体做变速直线运动，在 t_1 时刻速率为 v，在 t_2 时刻速率为 nv，则

在 t_2 时刻的动能是 t_1 时刻的（　　）。

  A．n 倍　　　　　　　　　　B．n/2 倍

  C．n^2 倍　　　　　　　　　　D．$n^2/4$ 倍

  2．打桩机的重锤质量是 250 千克，把它提升到离地面 15 米高处，然后让它自由下落，当重锤刚要接触地面时其动能为（取 $g=10$ 米／秒^2）（　　）。

  A．1.25×10^4 焦耳　　　　　B．2.5×10^4 焦耳

  C．3.75×10^4 焦耳　　　　　D．4.0×10^4 焦耳

  3．质量为 2 千克的物体，在水平面上以 $v_1=6$ 米／秒的速度匀速向西运动，若有一个 $F=8$ 牛、方向向北的恒定力作用于物体，在 $t=2$ 秒内物体的动能增加了（　　）。

  A．28 焦耳　　　　　　　　　B．64 焦耳

  C．32 焦耳　　　　　　　　　D．36 焦耳

第八章　运动的尺子会变短

　　相信很多人都知道爱因斯坦和相对论，但是很少有人知道爱因斯坦的相对论讲的是什么。简单来说，相对论说的就是，"运动的尺子会变短，运动的时钟会变慢"。

　　这个结论是怎么得出的呢？我们假设有两把同一厂家出产的同样规格的尺子。两把尺子平行放置，一把尺子静止（我们叫它静止尺），一把尺子沿放置方向做匀速直线运动（我们叫它运动尺）。在运行方向上，测量同一物体宽度，运动尺的读数比静止尺的读数大。这两把尺的读数差别非常小，但是确实存在，只能通过计算得出，由于计算比较复杂，我们不做讨论。

　　但是，"运动的尺子会变短，运动的时钟会变慢"这两个效应在日常生活中却比比皆是，例如反应速度，我们看到的、听到的其实都不是真正的"现在"，而是"过去"。这一切都是速度在搞鬼。

第一节　爱因斯坦和相对论

牛顿如是说

如果一个孩子长大后能成为一名科学家，他会发现，他整天在做那些人类有史以来所发明的最有趣的游戏居然还有报酬。

　　说到物理学家，大家最耳熟能详的名字是谁？如果说大家能够因为牛顿三大运动定律而记住牛顿，那么大家一定还会想起另一个人，没错，那就是爱因斯坦。想必这是一个大家耳熟能详的名字，因为他的相对论实在太有名了。那么这一节，我们就来说一说爱因斯坦的相对论，以及他的中国情结吧。

事实上，相对论并不是一开始就被学术界接受和承认的。1905年，爱因斯坦发表了关于狭义相对论的第一篇文章后，并没有立即引起很大反响。但是德国物理学的权威人士普朗克注意到了他的文章，认为爱因斯坦的工作可以与哥白尼相媲美。正是由于普朗克的推动，相对论才很快成为人们研究和讨论的课题，爱因斯坦也因此受到了学术界的注意。

但即使如此，在1907年，爱因斯坦听从友人的建议，提交了那篇著名的论文申请联邦工业大学的编外讲师职位时，得到的答复依旧是论文无法理解。虽然在德国物理学界爱因斯坦已经颇有名气，但在瑞士，他却无法得到一个大学的教职，这让许多有名望的人开始为他鸣不平，直到1908年，爱因斯坦才终于得到了编外讲师的职位，并在第二年当上了副教授。1912年，爱因斯坦当上了教授。1913年，他应普朗克之邀担任了新成立的威廉皇帝物理研究所所长和柏林大学教授。

早在1919年，爱因斯坦的相对论就已经被介绍到中国，特别是通过1920年英国哲学家罗素的来华讲学，给中国学术界留下了深刻印象。爱因斯坦本人的目光也曾一次次地投射到古老而陌生的中国。1922年冬天，他应邀到日本讲学，往返途中，两次经过上海，一共停留了三天，亲眼看到了处于苦难中的中国，并寄予了深切的同情。他在旅行日记中记下过这些"悲惨的图像"和他的感慨：

"在外表上，中国人受人注意的是因为他们的勤劳，因为他们对生活方式和儿童福利要求的低微。他们比印度人更乐观，也更天真。但他们大多数是负担沉重的：男男女女为每日五分钱的工资天天在敲石子。他们似乎鲁钝得无法理解他们命运的可怕。"

十几年后（1936年），爱因斯坦在美国普林斯顿大学与前来进修的周培源第一次个别交谈时依旧说道："中国人民是苦难的人民。"他的同情是真挚的、发自内心的，而不仅仅是挂在嘴边的。

牛顿的科学百宝箱

"Wow，还有更多有意思的事情，跟我来吧！"

地 磁

地磁是地球所具有的磁性现象。地球磁场也称地磁场，指地球周围空间分布的磁场。

地球磁场近似于一个位于地球中心的磁偶极子的磁场。它的磁南极大致指向地理北极附近，磁北极大致指向地理南极附近。所以地磁的南北极与地理上的南北极相反。地表各处地磁场的方向和强度都因地而异。赤道附近磁场最小（为0.3～0.4奥斯特），两极则最强（约为0.7奥斯特）。磁力线分布的特点是：赤道附近磁场方向水平，两极附近则与地表垂直。

人们通常把地球磁场分为两部分：来源于地球内部的"基本磁场"，以及来源于地球外部的"变化磁场"。

自从人类发现有地磁现象存在，就开始探索地磁的起源问题。人类最早最朴素的想法是，地球是一块大磁体，北极是磁体的北极，南极是磁体的南极。1600年以前，西方的吉尔伯特也提出过同样的论点。但这并不确切。

牛顿考考你

"我相信你也是科学高手，你会做下面的题目吗？"

1. 关于狭义相对论的说法，不正确的是（　　）。

　A. 狭义相对论认为在不同的惯性参考系中，一切物理规律都是相同的

B. 狭义相对论认为在一切惯性系中，光在真空中的速度都等于 c，与光源的运动无关

C. 狭义相对论只涉及无加速运动的惯性系

D. 狭义相对论任何情况下都适用

2. 一辆由超强力电池供电的摩托车和一辆普通有轨电车，都被加速到接近光速。在我们的静止参考系中进行测量，哪辆车的质量将增大（　　）。

A. 摩托车　　　　　　　　B. 有轨电车

C. 两者都增加　　　　　　D. 都不增加

3. 下列几种说法

(1) 所有惯性系中基本规律都是等价的

(2) 在真空中，光的速度与光的频率、光源的运动状态无关

(3) 在任何惯性系中，光在真空中沿任何方向的传播速度都相同

其中哪些说法是正确的（　　）。

A. 只有 (1)(2) 是正确的　　　B. 只有 (1)(3) 是正确的

C. 只有 (2)(3) 是正确的　　　D. 三种说法都是正确的

第二节　时光一去不复返

牛顿如是说

在漫长的科学生涯中，我所懂得的最重要的一件事就是：我们所有的科学发现与真实的物质世界相比，还是相当原始和幼稚的——但它仍然是我们所拥有的最为珍贵的东西。

童年总是值得回忆的，罗大佑那首经典的《童年》中有几句歌词："一年又一年，一天又一天，唧唧喳喳的童年……"表面上看，它歌唱的是童年，然而它真正歌唱的，是时间。

时间是什么？我们总会说，随着时间流逝，我们一天天长大，但真要给

时间下一个准确的定义，估计还真有难度。但有一点是确定的，时间无法复制，无法拷贝，它是一次性的，用完了就没有了。并且，每个人的时间也都是有限的。

我们一般会用"流逝"来形容时间，其实流逝也是物体的一种运动方式。时间从某一时刻到另一时刻，也就类似于物体从某一点运动到另外一点。所以，时间流逝的过程也就是物体运动的过程。

人们建立时间概念的一个基本目的是为了对时，即对各个（种）事物的先后次序或者是否同时进行比对。人们为了方便相互间的交流和活动，通常以一些具有标志性事物的起止作为对时的标志。例如，以耶稣诞生的年份作为公元纪年的开始；以孙中山宣告中华民国成立的年份作为民国纪年的开始；以运动场上发令枪的声音和烟雾作为某项比赛的开始等。

人们建立时间概念的另一个基本目的是为了计时，即衡量、比较各个（种）事物存在过程的长短。人们一般不以静止事物的存在过程作为计时的依据，这也许是长期以来人们将时间仅仅看作"运动的存在形式"的一个因素。人们通常选择一些周期性运动变化较为稳定的事物，以其运动周期作为计时依据。比如月相、圭表、日晷、机械钟表、石英钟、原子钟等，这些事物也就成为人们天然的或人工的计时器。计时器就是人们在一定条件下，通过某个（种）变化事物的存在过程（尤其是周期性的）来衡量其他事物存在过程长短的装置。

需要注意的是，任何计时器度量出的时间都是呈现其本身的存在过程，无法代表其他事物的存在过程。但即使如此，人们还是可以在一定条件下或者通过一定的转换，以某个计时器的运行状态来描述其他事物存在过程的长短或所处阶段。例如，以大约 365 个地球自转周期（天）来对应 1 个地球公转周期（年），以大约 29.5 天来对应 1 个朔望月，用秒表来测量运动员的成绩等。

简而言之，时间就是宇宙中的我们人类看不到的物质（以太）的流动，恒星或行星只是其中的悬着物，随着其流动的方向而做着缓慢的运动。当恒星或者行星向着以太流速相反的方向运动，并超越以太的流速时，时间就会加速，反之亦然。

牛顿的科学百宝箱

"Wow，还有更多有意思的事情，跟我来吧！"

风洞

风洞（Wind tunnel），是指能人工产生和控制气流，以模拟飞行器或物体周围气体的流动，并可量度气流对物体的作用以及观察一些物理现象的，一种管道状实验设备。它是进行空气动力实验最常用也最有效的工具。

风洞实验是飞行器研制工作中一个不可缺少的组成部分。它不仅在航空和航天工程的研究和发展中起重要作用，随着工业空气动力学的发展，它在交通运输、房屋建筑、风能利用等领域更是不可或缺。

世界上公认的第一个风洞是英国人韦纳姆（E.Mariotte）于 1869—1871 年建成的，并被用来测量物体与空气相对运动时受到的阻力。它是一个两端开口的木箱，截面 45.7×45.7 厘米，长 3.05 米。美国的 O. 莱特和 W. 莱特兄弟在他们成功地进行世界上第一次动力飞行之前，也曾于 1900 年建造了一个风洞，截面 40.6 厘米 ×40～56.3 千米 / 小时。1901 年莱特兄弟又建造了风速 12 米 / 秒的风洞，从而发明了世界上第一架飞机。

20 世纪中叶，风洞大量出现。到目前为止，中国已经拥有低速、高速、超高速以及激波、电弧等风洞。

牛顿考考你

"我相信你也是科学高手，你会做下面的题目吗？"

1. 如图是 A、B 两物体运动的速度图像，则下列说法正确的是（　　）。

和牛顿一起 *玩转* 物理 · 惊悚的速度

A. 物体 A 的运动是以 10 米 / 秒的速度匀速运动

B. 物体 B 的运动是先以 5 米 / 秒的速度与 A 同方向

C. 物体 B 在最初 3 秒内位移是 10 米

D. 物体 B 在最初 3 秒内路程是 10 米

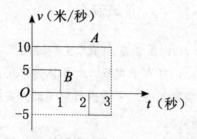

2. 有一质点从 $t = 0$ 开始由原点出发，其运动的速度－时间图像如图所示，则（　　）。

A. t=1s 时，质点离原点的距离最大

B. t=2s 时，质点离原点的距离最大

C. t=2s 时，质点回到原点

D. t=4s 时，质点回到原点

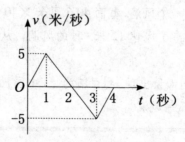

3. 如图所示，能正确表示物体做匀速直线运动的图像是（　　）。

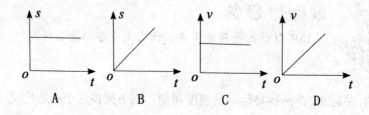

A　　　　　　B　　　　　　C　　　　　　D

第三节　要命的反应速度

牛顿如是说

我的小世界的窗口只向科学的花园打开，从那扇窗子里有充足的光线流泄进来。

反应速度是人的速度素质的一种表现形式，指人体对各种刺激发生反应的快慢，例如短跑运动员从发令到起动的时间，篮球运动员在球场上瞬间变化的情况下做出快慢反应等。它以神经过程的反应时间为基础，反应时间短，反应速度快；反应时间长，反应速度慢。

由于反应速度有限，在生活中有很多问题需要我们注意，我们驾驶汽车的时候要保持车距。一方面是因为车子在行驶时若发生意外，车子由于惯性不能及时停下，易造成交通事故；另一方面是因为人有反应时间，在这个时间内车子还是继续前进的。

反应速度慢了就容易发生事故，这不正是相对论里面的"运动的尺子会变短"吗？两车之间的距离就好像尺子，运动的过程中变短了，直到为0。这中间减少的长度，就是在反应时间内产生的。

很多人觉得相对论复杂，理解不了，这其实是一个视角问题，就像成语故事《刻舟求剑》中说的一样，如果用一个动态的视角来看问题，很多在静态的时候得到的结论就会出现天差地别的变异。那个宝剑落到水中的人不就是在用静态时候的观点来处理动态情况下的问题吗？当船只静止的时候，落到水中的宝剑从掉落的地方下去打捞，这是正确的做法；但是，放到一条在水面行驶的船只上去这样处理问题，那就会出现偏差，这就要命了。

很多人都会耻笑"刻舟求剑"的愚蠢，但是笑过之后继续犯这种错误的人并不少，而很少有人会发现自己的错误，更不用说进一步去思考这些问

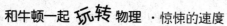

题——如何去处理动态情况下的问题。但是，只要学过物理的人都知道这个原理：静止是相对的，运动则是永恒的。相对论就是思考这个问题的，脱离了假定静止的经典牛顿力学体系，在非惯性参照系统中寻求解决物理问题的办法。

牛顿考考你

"我相信你也是科学高手，你会做下面的题目吗？"

1. 质量为 50 千克的人以 8 米／秒的速度跳上一辆迎面驶来的质量为 200 千克、速度为 4 米／秒的平板车。人跳上车后，车的速度为（　　　）。

  A. 4.8 米／秒   B. 3.2 米／秒

  C. 1.6 米／秒   D. 2 米／秒

第四节　回到过去

牛顿如是说

作为一个人，他必须具有足够的智慧才能够清楚地看到，当面对所存在的事物时他的智慧是多么的贫乏。如果这种谦逊能够传达给每一个人，那么这个人类活动的世界将会更有吸引力。自然是可以被人们认识的，上帝是不玩掷骰子游戏的。

当速度小于光速时，就是现在的样子，但是越接近光速，时间过得也就越慢。

当速度等于光速的时候，时间静止。

当速度大于光速时，我们将会变得年轻，并且能回到过去。

根据狭义相对性原理，惯性系是完全等价的，因此，在同一个惯性系中，存在统一的时间，称为同时性。而相对论证明，在不同的惯性系中，却没有统一的同时性，也就是两个事件（时空点）在一个惯性系内同时，在另一个惯性系内就可能不同时，这就是同时的相对性。在惯性系中，同一物理过程的时间进程是完全相同的，如果用同一物理过程来度量时间，就可在整个惯性系中得到统一的时间。在今后的广义相对论中可以知道，非惯性系中，时空是不均匀的，也就是说，在同一非惯性系中，没有统一的时间，因此不能建立统一的同时性。

相对论导出了不同惯性系之间时间进度的关系，发现运动的惯性系时间进度慢，这就是所谓的钟慢效应。可以通俗地理解为，运动的钟比静止的钟走得慢，而且，运动速度越快，钟走得越慢，接近光速时，钟就几乎停止了。

尺子的长度就是在一惯性系中"同时"得到的两个端点的坐标值的差。由于"同时"的相对性，不同惯性系中测量的长度也不同。相对论证明，在尺子长度方向上运动的尺子比静止的尺子短，这就是所谓的尺缩效应，当速度接近光速时，尺子缩成一个点。

由以上陈述可知，钟慢和尺缩的原理就是时间进度有相对性。也就是说，时间进度与参考系有关。这就从根本上否定了牛顿的绝对时空观，相对论认为，绝对时间是不存在的，然而时间仍是个客观量。比如在下期将讨论的双生子理想实验中，哥哥乘飞船回来后是 15 岁，弟弟可能已经 45 岁了，说明时间是相对的，但哥哥的确是活了 15 年，弟弟也的确认为自己活了 45 年，这是与参考系无关的，时间又是"绝对的"。这说明，不论物体运动状态如何，它本身所经历的时间是一个客观量，是绝对的，这称为固有时。也就是说，无论你以什么形式运动，你都认为你喝咖啡的速度很正常，你的生活规律都没有被打乱，但别人可能看到你喝咖啡用了 100 年，而从放下杯子到寿终正寝只用了 1 秒钟。

牛顿的科学百宝箱

"Wow，还有更多有意思的事情，跟我来吧！"

日晷

日晷的本意是日影，它是使用太阳的位置来测量时间的一种设备。古老的埃及、中国、希腊和罗马都曾经使用过日晷。

日晷主要由一根投射太阳阴影的指标、一个承受指标投影的投影面（即晷面）和晷面上的刻度线组成。最常见的日晷是庭院日晷，让日影投射在一个标有时刻的平面上，当太阳移动时，影子所指示的时间也跟着变动。

在中国，最简单的日晷是将一根标准高度为八尺（约 2.7 米）的杆子垂直竖立在水平的地面，在一天里从早到晚观察杆子投影的变化，从而计量白天的时间。

古印第安人也曾使用过日晷。1985 年 10 月 10 日，考古学家们在美国伊利诺伊州西南部的一条河谷中修复了一座巨大的古代印第安人日晷，它由 40 棵 6 米高的杉树干围成，直径达到了惊人的 136 米。

牛顿考考你

"我相信你也是科学高手，你会做下面的题目吗？"

1. 下列说法中正确的是（   ）。

   A. 匀速运动就是匀速直线运动

   B. 对于匀速直线运动来说，路程就是位移

   C. 物体的位移越大，平均速度一定越大

　　D．物体在某段时间内的平均速度越大，在其间任一时刻的瞬时速度
　　　　也一定越大

2．关于速度的说法正确的是（　　　）。

　　A．速度与位移成正比

　　B．平均速率等于平均速度的大小

　　C．匀速直线运动任何一段时间内的平均速度等于任一点的瞬时速度

　　D．瞬时速度就是运动物体在一段较短时间内的平均速度

3．物体沿一条直线运动，下列说法正确的是（　　　）。

　　A．物体在某时刻的速度为 3 米／秒，则物体在 1 秒内一定走 3 米

　　B．物体在某 1 秒内的平均速度是 3 米／秒，则物体在这 1 秒内的位
　　　　移一定是 3 米

　　C．物体在某段时间内的平均速度是 3 米／秒，则物体在 1 秒内的位
　　　　移一定是 3 米

第五节　速度是变的

牛顿如是说

真正的科学是富于哲理性的；尤其是物理学，它不仅是走向技术的第一步，而且是通向人类思想的最深层的途径。

　　参照物不同，速度就会不同。以地面为参照物所测量的速度，称为绝对速度；以非地面参照系为参照物（例如空气）所测量的速度，称为相对速度。如甲、乙两列车以相同的速度同向行驶，则甲车相对于乙车的速度和乙车相对于甲车的速度都等于零；若反向行驶，则相对速度都等于两倍车速。

　　在同一惯性参考系中，假设有某一粒子速度为 u_1，另一粒子速度为 u_2。则相对速度为 u_1 与 u_2 之差。相对速度不随惯性参考系的选取而改变，即在伽

利略变换中，相对速度是一个不变的矢量，所以相对速度也有方向，方向为绝对值大的方向。

比如你在以每小时 10 公里的速度跑步，10 公里每小时就是你的绝对速度，旁边有个人用 5 公里的速度和你往同一方向走，他看着你的时候，你对于他而言的相对速度就是 10-5=5 公里。这个时候你迎面来了一个人以 5 公里的速度走，你对于这个人的相对速度是 10+5=15 公里。这种相对某个动的参照物而言的速度就是相对速度。相对于静止物体做参照物的速度就是绝对速度。

在高速时计算速度叠加不能简单地把两个速度相加。牛顿的经典力学是相对论模型在宏观低速下的完美近似。在宏观、低速、弱引力场模型中伽利略变换是近似成立的，而在微观、高速、强引力场模型中则要使用洛伦兹变换。相对论认为携带能量和信息的物质运动速度不能超过光速，纵使光速与光速叠加，速度仍然是 1 倍光速。洛伦兹相对速度公式：$v=(v_1-v_2)/(1-v_1v_2/c^2)$。

牛顿的科学百宝箱

"Wow，还有更多有意思的事情，跟我来吧！"

从一道习题来理解相对论

相对论的难度是物理学中的顶峰，现在我们就从一道习题的解答来看看，应该如何理解相对论。

一辆由超强力电池供电的摩托车和一辆普通有轨电车，都被加速到接近光速。在我们的静止参考系中进行测量，哪辆车的质量将增大？

A．摩托车　　B．有轨电车　　C．两者都增加　　D．都不增加

"接近光速""质量变化"这两个名词都是相对论中的标志性词语，沟通这两者的是著名的质能转换方程——$E=mc^2$，这其中有一个前提就是光速的绝对性。这是因为，在相对论中，一旦发生超光速运动，物体的质量将变成虚数。

在这道习题中摩托车和电车都加速到接近光速，问它们的质量变化，我们就应该从能量变化入手。我们再看看摩托车和电车的能量，一个是超强力电池供电，另一个是电车轨道供电，也就是说摩托车的能量来自系统内部，电车的能量来自系统外部，在无法超越光速的前提下，电车的能量在增加，相应的电车的质量也在增加。

在这里，我们把相对论和牛顿经典力学相比较，把两个公式 $E=mc^2$ 和 $F=ma$ 相比较，我们不难看出，虽然它们都是研究物体的运动现象，但是牛顿力学只是研究两个物体之间的相互运动，也就是力，坚持的是"速度无上限"的观点，所以被认为是相对论在低速状况下的特例。

牛顿考考你

"我相信你也是科学高手，你会做下面的题目吗？"

1. 下列说法正确的是（　　）。
   A. 只要两物体间的距离大小不变，则这两个物体之间一定没有发生相对运动
   B. 参照物的选取不同，物体的运动状态一定不同
   C. 参照物一定要选静止的
   D. 不选参照物就无法描述物体的运动情况
   E. 物体运动的路程越远，速度就一定越大
   F. 做匀速直线运动的物体速度一直保持不变，而做变速直线运动的物体其速度时刻在变

2. 做匀速直线运动的物体说法正确的是（　　）。
   A. 每秒钟通过的路程都相等的运动一定是匀速直线运动
   B. 运动时间越长，通过的路程就越大

C. 运动时间越短，速度越大

D. 通过的路程就越大，速度越大

3. 甲乙两同学沿平直路面步行，他们运动的路程随时间变化的规律如图所示，下面说法中不正确的是（　　）。

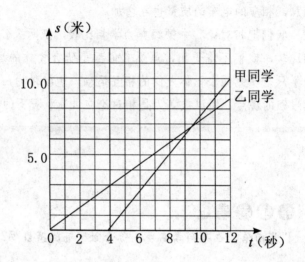

A. 甲同学比乙同学晚出发4秒

B. 4~8秒内，甲乙同学都匀速直线运动

C. 0~8秒内，甲乙两同学通过的路程相等

D. 8秒末甲乙两同学速度相等

第九章　影响速度的力

伟大的科学家牛顿在树下休息时，一颗苹果掉下来，他因此发现了万有引力。可是力究竟是什么东西呢？

其实力在我们的生活中无处不在，它会使苹果掉下来，会使汽车产生速度，也会使一根竹竿撬起一个庞然大物。

力是一个神奇而让人敬畏的东西，前面的篇章里我们一直在讨论速度，也讨论过加速度，同学们还记得吗？物体运动时的加速度与其受到的力相关，换句话说，力能够影响速度。

这一章，就让我们来看看力对速度的影响吧。看看空气的阻力、水的摩擦力，看看力的产生和消失，看看力如何与我们的生活息息相关。

第一节　无处不在的空气阻力

牛顿如是说

自然界没有一样东西能保持永久性的。

同学们，学无止境，而学习总是从观察身边的小事开始的，不知大家有没有注意过，刮大风时，我们走在路上往往举步维艰，每一步都要用上十倍的力气。我们都知道这是风带来的阻力，换种说法，它其实也就是空气的阻力。

这偌大的世界里，到处都充满着空气，那么这些阻力还存在于哪些地方呢？人们又能否利用它呢？

《史记》记载，舜利用两个斗笠，从着火的仓廪上跳下，安全落地。这说明当时已经有人懂得利用空气阻力减小物体从空中降落速度的道理。12世纪，中国已经有人用两把带柄的伞从高塔"跳伞"成功的记载。14世纪，中国杂技艺人已经学会了用类似降落伞的装置做"跳伞"表演。

没错，人类利用空气阻力最成功的例子，就是降落伞。

降落伞是利用空气阻力使人或物体从空中安全降落到地面的工具。15世纪，意大利著名艺术家达·芬奇曾画过一个角锥形降落伞的草图，并作了说明。后来，气球的出现，进一步促进了降落伞的发展。1783年，法国人L.S.勒诺芒研制了带刚性骨架的降落伞。1797年，法国人A.J.加尔纳兰用降落伞从气球上跳伞成功。20世纪初期，欧美一些国家先后发明了能折叠在伞包里、可由跳伞员手控打开的降落伞。1912年，美国人A.贝利第一次从飞机上跳伞成功。

降落伞最初用于航空气球救生。第一次世界大战期间，大约有800名气球侦察员被救，一战末期则用于飞机救生，第二次世界大战中被广泛用于空降作战，20世纪60年代被用于航天员救生和航天器回收。

牛顿的科学百宝箱

"Wow，还有更多有意思的事情，跟我来吧！"

滑翔伞

滑翔伞本身毫无动力，它之所以能够飞行，除了伞衣充满空气后显出特殊的形状外（飞行翼），全靠飞行员控制，结合大气中种种特性（空气动力）飞行。传统式的降落伞，即一般降落伞，在空中只能产生下降阻力，没有升力，而滑翔伞在空中飞行过程中会产生速度和升力，而且它的速度和升力远远大过它的阻力。因为在构造上，滑翔伞伞衣内层结构设有气囊，在没有充满空气前，滑翔伞没有实质的棱角，一旦内层气囊充满空气，滑翔伞的前沿就会出现棱角。这样，滑翔伞在空中飞行时将相对的气流由翼面上下分别引开流动，阻力与对方的风力平行，重量与翼上方空气相结合，使滑翔伞产生前进速度。

　　滑翔伞是利用空气力学的部分原理，而达到滑翔与滞空目的。其中最主要的理论是空气动力学（即滑翔伞上层与下层长度不同，当有前进速度时，空气流经滑翔伞上下表面，在不同长度的面上会产生不同的压力差，压力大的一面会往压力小的一面推挤）。以滑翔伞设计的翼型做说明：当空气流经上层凸面时，因距离长流速较快压力变小，相反流经下层凹面的空气，因距离短流速较慢压力变大故而产生下方空气将翼面向上推的升力，上下层的压力差为总升力，这便是最基本的飞行原理。

　　除此以外滑翔伞还能借助其他外力升空（如：引擎动力、上升气流等），在此我们主要讲的是动力气流与热气流，当然还要配合地形与空气的温度、湿度、密度差等。利用上述自然条件也能使滑翔伞向上爬升，一直到这些自然条件消失为止。

牛顿考考你

"我相信你也是科学高手，你会做下面的题目吗？"

　　1. 一物体重 100 牛，当在水平地面上滑动时摩擦力是 30 牛，将物体提起时对它的拉力为 F_1，在地面上匀速运动时拉力为 F_2，则 F_1、F_2 的大小分别是（　　）。

　　　A. 100 牛，100 牛

　　　B. 30 牛，30 牛

　　　C. 100 牛，30 牛

　　　D. 30 牛，100 牛

　　2. 关于摩擦力，下列说法中错误的是（　　）。

　　　A. 滑动摩擦力的大小跟物体间的压力和接触面的粗糙程度有关

　　　B. 在相同条件下，滚动摩擦比滑动摩擦小

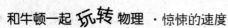
C．在任何情况下摩擦力总是有害的

D．轮胎上有凹凸不平的花纹，是为了增大摩擦

3．关于滑动摩擦力的大小，下列说法正确的是（　　）。

A．两木块的接触面积越大，滑动摩擦力就越大

B．在同一个接触面上滑动时，木块所受的滑动摩擦力随压力的增加
而增大

C．两木块相对滑动得越快，滑动摩擦力就越大

D．只要接触面粗糙，两木块间就存在着滑动摩擦力

第二节　液体的摩擦

牛 顿 如 是 说

荣誉就像玩具，只能玩玩而已，绝不能永远守着它，否则就
将一事无成。

　　亲爱的同学们，夏天逼近时我们最想去的地方是哪里？没错，就是广阔无
垠的大海！现在，让我们一起闭上眼睛，感受行走在海岸线的时刻吧：海风徐
徐地吹来，也许还掺杂着海洋的气息；远处偶尔传来海鸥悦耳的叫声，甚至还
能听到海船的鸣笛声；浪花拍打着我们的脚踝，有时是温柔的巴掌，有时是汹
涌的冲击—— 咦，奇怪，这些温柔的水怎么就突然强硬起来了？

　　哈哈，水的破坏力可不止这些，它甚至还能冲毁房屋呢！这股子力气又
是从哪里来的？好了，新的学习篇章又展露在我们面前了。同学们，和我一
起来探索一下液体的摩擦，揭开生活中的小秘密吧！

　　固体的摩擦大家可能比较容易感同身受，但其实不只是固体才会有摩擦，
液体也有。

如果两摩擦表面间有充足的润滑油，而且能满足一定的条件，则在两摩擦面间可以形成厚度为几十微米的压力油膜。它能将相对运动着的两金属表面分隔开。此时，只有液体之间的摩擦，称为液体摩擦，又称为液体润滑。

换言之，形成的压力油膜可以将重物托起，使其浮在油膜之上。两摩擦表面由于被油隔开而不直接接触，摩擦系数很小（$f=0.001\sim0.01$），所以显著减少了摩擦和磨损。

金属塑性加工时，变形金属与工具的接触表面间存在着流体润滑膜时的摩擦，也被称为流体润滑。这层流体膜的厚度大约是金属表面凸起高度的10倍，使两摩擦表面完全被流体膜隔开，并由流体的压力来平衡外载荷。流体层中的分子大部分不受金属表面原子引力场的作用，可以自由地相对运动。由于两摩擦表面不直接接触，在发生相对运动时，外摩擦就转变为流体的内摩擦，摩擦的大小完全取决于流体的性质，而与两摩擦面的材质无关。

流体润滑的主要优点是摩擦阻力小，摩擦系数很小，通常为 $0.001\sim0.02$，从而有效地减少了磨损，改变了摩擦的性能。

生活每时每刻都有摩擦，固体有，液体也有，就算我们有时没能用肉眼发现，却同样可以用智慧的大脑去思考推敲。真理就是这样来的！

牛顿的科学百宝箱

"Wow，还有更多有意思的事情，跟我来吧！"

比热容

比热容（specific heat capacity）又称比热容量，简称比热（specific heat），是单位质量物质的热容量，其含义为，单位质量的物体改变单位温度时吸收或释放的内能。通常用符号 c 表示。

水的比热容比较大，在工农业生产和日常生活中都有广泛应用。这个应用主要考虑两个方面：第一，一定质量的水吸收（或者放出）很多的热量，自身的温度却不会变化很大，有利于调节气候；第二，一定质量的水升高（或者降低）一定温度，需要吸热（或者放热）很多，这样有利于用水冷却或取暖。

水的上述特征对气候影响很大。白天，沿海地区往往比内陆地区升温慢，夜晚，沿海地区往往温度降低更少，为此一天中沿海地区的温度变化比较小，内陆地区的温度变化比较大。一年之中，夏季内陆会比沿海炎热，冬季内陆会比沿海寒冷。

据新华社消息，三峡水库蓄水后，这个世界上最大的人工湖将成为一个天然的"空调"，使得山城重庆的气候冬暖夏凉。据估计，夏天重庆气温可能会因此下降5℃，冬天气温则可能会上升3～4℃。

牛顿考考你

"我相信你也是科学高手，你会做下面的题目吗？"

1. 科学知识可以通过对自然的探究而获得，探究下列事实，其中具有减小摩擦作用的是（   ）。

  A. 泥鳅体表有一层黏滑的液体

  B. 蛇的体表覆盖粗糙的鳞片

  C. 蜈蚣腹部有许多足

  D. 啄木鸟有尖尖的喙

第三节 表面摩擦力对速度的双重影响

牛顿如是说

科学对于成功地从事任何事业都具有基石般的重要性。

同学们，繁重的学业可能会压得你们喘不过气来，这个时候大家要学会劳逸结合，在玩乐的同时获得知识，在兴趣的驱使下成长进步，这才是最理想的学习状态。

不知大家平时放松时有没有坐过滑滑梯呢？大家有没有注意到，衣服表面越光滑，滑起滑梯来越轻松。也许你早已发现了这个秘密，那今天就让我们一起来探索，把这个秘密变成我们的知识吧。

其实原因很简单：衣服与滑滑梯之间产生了摩擦力。

摩擦力是两个表面接触的物体相互运动时互相施加的一种物理力，它的本质有两个：固体表面的分子之间相互的吸引力（胶力），以及它们之间的表面粗糙所造成的互相之间的机械咬合。

摩擦力内最大的区分是静摩擦力与其他摩擦力。有人认为，静摩擦力实际上不应该算作摩擦力。其他摩擦力都与耗散有关，它使得相互摩擦的物体的相对速度降低，并将机械能转化为热能。

固体表面之间的摩擦力分为滑动摩擦、滚动摩擦、滚压摩擦和转动摩擦。表面摩擦力的方向总是和两个物体之间相对运动的方向相反，因此，表面摩擦力有时候是阻碍物体运动的力，有时候是为了保持两个物体间相对静止。例如，地面上的小车，拉动小车，则小车所受到的摩擦力阻碍小车运动；如果小车上面有一个物体，拉动了小车后，小车和物体之间的摩擦力为了保持小车和物体之间的相对静止，使物体随小车发生运动。特别需要指出的是，使物体发生运动的摩擦力都是静摩擦力。

压力与摩擦力息息相关，一般说来，在接触面的粗糙程度相同时，压力越大，滑动摩擦力越大；在压力大小相同时，接触面越粗糙，滑动摩擦力越大。

现在，相信你一定已经明白为什么衣服表面越光滑，滑滑梯越容易了吧。

牛顿的科学百宝箱

"Wow，还有更多有意思的事情，跟我来吧！"

磁阻效应

磁阻效应是指某些金属或者半导体的电阻值会随着外加磁场的变化而变化。它是由于载流子在磁场中受到洛伦兹力而产生的。一般情况下，在达到稳态时，某一速度的载流子所受到的电场力与洛伦兹力相等，此时载流子若在两端聚集产生霍尔电场，比该速度慢的载流子将会向电场力的方向偏转，而比该速度快的载流子则会向洛伦兹力方向偏转。这种偏转将导致载流子的漂移路径增加。或者说，沿外加电场方向运动的载流子数目会减少，从而使得电阻增加——这种现象就被称为磁阻效应。

如果外加磁场与外加电场方向垂直，称为横向磁阻效应；如果外加磁场与外加电场方向平行，则称为纵向磁阻效应。一般情况下，载流子的有效质量的弛豫时间与方向无关，因此纵向磁感强度不会引起载流子偏移，因而无纵向磁阻效应。

目前，磁阻效应已经广泛用于磁传感、磁力计、电子罗盘、位置和角度传感器、车辆探测、GPS 导航、仪器仪表、磁存储（磁卡、硬盘）等领域。

2007 年的诺贝尔物理学奖授予了来自法国国家科学研究中心的物理学家艾尔伯·费尔和来自德国尤利希研究中心的物理学家皮特·克鲁伯格，以表彰他们发现巨磁电阻效应的贡献。

牛顿考考你

"我相信你也是科学高手，你会做下面的题目吗？"

1. 粗糙的水平面上叠放着 A 和 B 两个物体，A 和 B 间的接触面也是粗糙的，如果用水平力 F 拉 B，而 B 仍保持静止，则此时（   ）。

   A. B 和地面间的静摩擦力等于 F，B 和 A 间的静摩擦力也等于 F

   B. B 和地面间的静摩擦力等于 F，B 和 A 间的静摩擦力等于零

   C. B 和地面间的静摩擦力等于零，B 和 A 间的静摩擦力也等于零

   D. B 和地面间的静摩擦力等于零，B 和 A 间的静摩擦力等于 F

2. 下列关于静摩擦力的叙述中正确的是（   ）

   A. 静摩擦力的方向一定与物体相对运动趋势的方向相反

   B. 静摩擦力的方向可能与物体的运动方向相同

   C. 静摩擦力的大小与接触面间的弹力成正比

   D. 运动的物体可能受静摩擦力作用

3. 下列现象中存在静摩擦力的是（   ）。

   A. 用手拿着瓶子，瓶子保持竖直，手与瓶子之间

   B. 皮带运输机，当皮带上放着物体沿水平方向匀速前进时，物体与皮带间

   C. 水平地面上，受到水平推力作用的物块保持静止状态时，物块与地面间

   D. 水平地面上，受到水平推力作用的物块做匀速直线运动时，物块与地面间

第四节　谁发明了轮子？

牛顿如是说

物理学家有理由为自己的信念辩解，因为这些信念是建筑在事实这一坚固的岩石上的。

　　大家都知道，人们的日常出行离不开交通工具，而这些交通工具的组成也离不开轮子，就连飞在天上的飞机，也要借助轮子的助跑才能飞上广阔的天空。那么是谁发现这圆圆的东西的呢？又是谁把这圆圆的东西运用到了我们的生活中呢？

　　轮子通常被视为人类最古老、最重要的发明，以至我们经常把它和火的使用相提并论。实际上，人类驯服火的历史超过 150 万年，而开始使用轮子才只有区区数千载光阴。

　　轮子这种工具原来并不存在于大自然的动物或植物中。自然世界内有些动物会滚动，但是没有动物是在轮子上移动的。

　　根据美国历史学家斯塔夫里阿诺斯（Leften Stavros Stavrianos，1913—2004）所著的《全球通史》，车轮最早出现在美索不达米亚。换句话说，智慧人种出现后的 10 多万年里，人类是不懂得使用轮子的。直到公元前 3000 年，人们才开始将轴装到手推车上，轮子不直接和车身连接。之后不久，又出现了装有轮辐的车轮。公元前 4 世纪时已经有两轴车的图画。

　　在中国，车在公元前 1500 年左右出现。轮的发明大约是在新石器时代的晚期，或者青铜器时代的早期。最早的车轮以木制成，中间钻一个洞，装上车轴。古人已经注意到，横切树干并不能造成好的车轮，因为树干的切面缺乏足够的强度。车轮必须以直切的木板裁成圆状方才耐用。辐式车轮是较新的发明。

带辐的车轮比较轻，车辆亦比较容易操纵。早期的辐式车轮多在战车上出现。

轮加上轴即成为最基本的机器，这种最基本的机器是人类应用技术的起点。轮子在扭力之下作出旋转，越接近轴心，扭力越大。把不同大小的轮接连可以构成复杂的机器，把轮与楔结合即成为齿轮。

轮的发明不但是交通运输的一大突破，更是人类技术的一项重要成就。由轮衍生的现代技术还有螺旋桨、喷射引擎、飞轮、陀螺仪、涡轮机等。

牛顿的科学百宝箱

"Wow，还有更多有意思的事情，跟我来吧！"

白矮星

白矮星是由简并态物质构成的小恒星。所谓简并态物质是一种高密度的物质状态，因此白矮星的密度极高。举个形象的比喻，一颗质量与太阳相当的白矮星的体积只有地球一半的大小。

白矮星被认为是低质量恒星演化阶段的最终产物，银河系内，97%的恒星都属于这一类。一般说来，中低质量的恒星在渡过生命期的主序星阶段，并结束以氢融合反应之后，将在核心进行氦融合，将氦燃烧成碳和氧的三氦过程，并膨胀成为一颗红巨星。在此红巨星阶段，如果没有足够的质量产生能够让碳燃烧的更高温度，碳和氧就会在红巨星的核心堆积起来。在散发出外面数层的气体成为行星状星云之后，留下来的就只有核心的部分了，而这个残骸最终将成为白矮星。

白矮星形成时的温度非常高，目前发现的最高温的白矮星，其表面温度大约为 20 万摄氏度。但是因为白矮星没有能量的来源，因此将会逐渐释放它的热量，温度也会逐渐降低。经过漫长的时间后，白矮星的温度将冷却到光度不再能被看见，而成为冷的黑矮星。

牛 顿 考 考 你

"我相信你也是科学高手，你会做下面的题目吗？"

1. 物体做曲线运动时（　　）。
   A. 其速度大小一定发生变化
   B. 其加速度大小一定发生变化
   C. 其所受合力一定发生变化
   D. 其所受合力可能保持不变

2. 关于曲线运动，下列说法正确的有（　　）。
   A. 做曲线运动的物体速度方向在时刻改变，故曲线运动是变速运动
   B. 做曲线运动的物体，受到的合外力方向一定在不断改变
   C. 只要物体做圆周运动，它所受的合外力一定指向圆心
   D. 物体只要受到垂直于初速度方向的恒力作用，就一定能做匀速圆周运动

第五节　车轮和轨道的相遇

牛 顿 如 是 说

这是我一生中碰到的最不可思议的事情，就好像你用一门15英寸大炮去轰击一张纸而你竟被反弹回的炮弹击中一样。

　　同学们，上一节我们讨论了车轮，那么车轮和轨道的相遇又是怎样产生的呢？为什么它们相遇之后还密不可分呢？呵呵，其实这都要归功于科学家

们的研究。今天，就让我带领大家一起来看看这一段科学情缘——车轮和轨道的相遇史吧！

火车和铁路在今天是一对分不开的"兄弟"。火车头，即蒸汽机车是英国发明家斯蒂芬逊于 1825 年发明的。有了火车头，才有火车。可是你知道吗？说起铁路的发明，比火车还要早半个多世纪呢。

早在 16 世纪中叶，英国的钢铁工业兴起，到处都搞采矿。可是，当时矿山的运输还很落后。铁矿石全靠马拉人背，劳动效率很低。有个公司的老板，为了多运铁矿石，想了一个法子：从山上向坡下平放两股圆木，让中间的距离相同，一根接一根地摆到山下。当装满矿石的斗车，顺着两股圆木下滑时，山上的人大声喊叫着："注意，车下来啦。"山下的人也大声回答道："车到啦，好！"这就是初期的木头轨道。

木头轨道制作简单，由上向下运送重物也很省力，一时很受欢迎。不过，如果在平地上使用木头轨道效果不大，省力不多。而且，这种木头轨道不耐用，磨损大。到了 1767 年，有人试着拿生铁来做轨道，以取代木头轨道——这便是铁轨的前身了。

铁轨比木头轨道的体积小许多，它直接放在地面上，斗车的轮子也是铁制的，推起来当当直响，运煤、送货也省劲。但是，斗车内装的东西不能过重。有一回，一辆车子装货多了，把铁轨压进了地面，结果车翻货出，差点压伤了人。怎么办？看来，必须解决地面的承受力问题，同时还要考虑铁轨的长度问题。就是在解决这些问题的过程中，逐渐产生了后来的铁路。

火车很重，有人说如果把这个重量分散到枕木上，再由枕木分散到道床上，道床所受的力再均匀地分散到路基上，这个力量就变得小了许多。经过这样的传递过程，接触面积逐渐增大，单位面积的压力就相应降低，路基就不会被压坏了。这个设计的思路是很科学的，可以说，今天的铁路仍然是根据这个道理建成的。

而且，火车的车轮都有轮缘，你可以去现场看一下，就是轮子内侧突出的一部分。这个轮缘的主要作用就是导向和防止脱轨。轮缘有很复杂的轮廓线标准要求，如果某车的轮缘磨损太大超过了要求，就容易发生脱轨，必须加工切削轮缘至标准轮廓。

一般来说钢轨是水平的，不存在哪边高低的问题。但是，在弯道的时候，所有的铁轨都会外面高，内侧低，这叫作外轨超高，其作用就是防止火车通过弯道时离心力太大而侧翻。

有了车轮和轨道，运输再也不是什么难事了。

牛顿考考你

"我相信你也是科学高手，你会做下面的题目吗？"

1. 为了减小摩擦力，可以让相对运动的物体之间的接触面更光滑。下面做法中不是按照这个原理去做的是（　　）。

    A. 让火车在铁轨上行驶

    B. 在结冰的路面上撒煤渣

    C. 冰壶运动中运动员擦冰面

    D. 把菜刀磨锋利

2. 为了增大摩擦力，可以让相对运动的物体之间的接触面更粗糙。下面的打蜡行为中，是按照这个原理去做的是（　　）。

    A. 给地板打蜡

    B. 给传送装置的皮带打蜡

    C. 给汽车外壳打蜡

    D. 羽毛球运动员在给球拍穿线前，在球拍线上打蜡

3. 关于滑动摩擦力，下列说法正确的是（　　）。

    A. 两物体间的接触面积越大，滑动摩擦力就越大

    B. 物体的运动速度越大，滑动摩擦力就越大

    C. 两接触面间的滑动摩擦力越大，说明两接触面越粗糙

    D. 滑动摩擦力大小不仅与两接触面的粗糙程度有关，还与它们间的正压力有关，而与接触面积的大小无关

第六节　脱离接触是最好的润滑

牛顿如是说

我的一生的乐趣在于不断地去探求未知的那个世界。如果我能够对其有一点点的了解，能有一点点的成就，那我就非常知足。

这一节，我跟同学们一起来讨论一下一个近两年来备受关注的交通工具吧。没错，那就是高铁。高铁的速度和普通轨道列车的速度是不可相提并论的，此外，还有一种车车身是完全和轨道脱离的，但即使这样，它的速度却远远超过了那些轨道运行的车辆。这又是为什么呢？为什么脱离接触反而更有动力呢？

很早以前，人们就希望列车能够与轨道脱离接触，以解除轮轨车辆的振动与磨损带来的烦恼。

早在 1864 年，法国就开展了气垫车的研制工作，试图通过压缩空气使车体与地面脱离接触。

1869 年，法国巴黎试验了世界上第一个气垫车。电动型列车在车体内安装有超导线圈，轨道上分布有按一定规则排列的短路铝环。当超导线圈内通电时就产生强磁场，在列车以一定速度前进时，该强磁场就在路轨的铝环内产生感应电流，两者相互排斥而产生上浮力。速度愈大这个排斥力就愈大，当速度超过一定值（时速 80 千米以上）时，列车就脱离路轨表面，最大距离可达数十厘米以上。其悬浮是自稳定的，无须加任何主动控制；由于采用大气隙磁悬浮，即使车体有稍许不平衡，或车体与轨道有些许对不准，或轨道上有冰雪之类杂物，均不会影响列车运行的安全性。唯一的问题是，采用超导线圈虽然可以减轻线圈结构的重量，却要增设超导所需的制冷系统，制冷电源也增加了功耗。这种结构的磁场若不加以屏蔽，会增加环境的电磁污染。另外，在低速行驶时，列车还需要轮轨系统支撑，因此侧向稳定也要另加控制设备。

但无论如何，磁悬浮实现了。车身与轨道脱离接触，从而产生了一系列优点，最大的优点便是速度快。轮轨式列车点接触压力的典型数据是 48.3 兆帕。而磁浮列车是大面积悬浮支撑，单位面积受力的典型数据是 6.9～34.5 千帕。普通列车的速度主要受限于轮轨间的黏性力，而磁浮列车的速度则受限于空气阻力。下面列出各类交通工具速度的典型数据。

	高速列车	磁浮EMS	磁浮EDS	汽车	飞机
平均速度（千米/时）	210	380	448	95	485
运行速度（千米/时）	260	400	480	110	852

由上可见，磁浮列车是陆上最快的交通工具，其速度仅次于飞机。

磁悬浮列车的另一个优点是乘坐平稳舒适、噪音低。这是因为车身与轨道之间没有任何接触，轨道不平度的影响可以通过控制系统被滤除。

牛顿的科学百宝箱

"Wow，还有更多有意思的事情，跟我来吧！"

超导

当材料低于某一温度时，该材料的电阻可能会变为零，这种现象被称为超导现象。除了零电阻外，超导现象的另一个特征是完全抗磁性。

超导现象是 1911 年春，荷兰物理学家海克·卡末林·昂内斯首次发现的。当时，他正在用液氦将汞的温度降到 4.15 摄氏度，突然发现汞的电阻降为了零。随后，他又和其他科学家陆续发现，其他一些金属也存在着这种现象。

事实上，金属导体的电阻的确会随着温度降低而逐渐减少，但是，由于纯度和其他一些缺陷的影响。普通的导体，例如铜和银，即使接近绝对零度，也仍然会保有最低的电阻值。

超导现象可以在各种不同的材料上发生，包括单纯的元素、各种金属合金和一些经过布涂的半导体材料。但是，超导现象不会发生在贵金属，例如金和银上，也不会发生在大部分的磁性金属上。

牛顿考考你

"我相信你也是科学高手，你会做下面的题目吗？"

1. 关于摩擦力，下列说法正确的是（　　）。
   A. 物体受到摩擦力作用时，一定受到弹力作用，且摩擦力的方向总与相对应的弹力方向垂直
   B. 只有运动的物体才能受到滑动摩擦力作用
   C. 具有相对运动的两物体间一定存在滑动摩擦力作用
   D. 摩擦力的方向与物体运动方向相反，摩擦力的大小与正压力大小成正比

2. 为了减小摩擦力，下列说法正确的是（　　）。
   A. 减小两物体间的接触面积
   B. 减小物体的运动速度
   C. 让接触面更粗糙
   D. 变滑动摩擦为滚动摩擦

3. 关于动摩擦因数 μ，下列说法正确的是（　　）。
   A. 两物体间没有摩擦力产生说明两物体间的动摩擦因数 $\mu=0$
   B. 增大两物体的接触面积，则两物体间的动摩擦因数增大
   C. 增大两物体间的正压力，则两物体间的动摩擦因数增大
   D. 两物体的材料一定，两物体间的动摩擦因数仅决定于两接触面的粗糙程度

第七节　最容易突破阻力的形状

牛顿如是说

希望你们年轻的一代，也能像蜡炬为人照明那样，有一分热，发一分光，忠诚而脚踏实地地为人类伟大的事业贡献自己的力量。

同学们，学了这么多阻力的知识，有没有人想过如何去突破阻力呢？哈哈，想想生活中，为什么子弹头要是尖尖的，为什么火箭和飞机头如此相似，为什么所有速度快的东西都是尖尖圆圆的流线型呢？难道这些都是巧合么？

当然不是！下面我们就来一起看看谜底吧。看看什么样的形状才是最容易突破阻力的形状。

流线型设计是美国 20 世纪三四十年代最流行的一种设计风格。它以圆滑流畅的流线体为主要形式，最初主要运用在汽车、火车等交通工具上，后来广泛流行，几乎波及所有的产品外形。

科技发展与消费主义促成了流线型风格的产生和流行。科技发展经常给现代设计提供灵感。流线型本是空气动力学中的一个术语，用来描述表面圆滑、线条流畅的物体形态。这种线状，因为能够减少物体在高速运动时的风阻，所以被运用到交通工具的设计上。

20 世纪 30 年代，塑料盒金属模压成型方法已经得到了广泛的应用，较大的曲率半径和便于脱模和成型，为流线型方法的形成提供了生产条件。另外，流线型设计的发展也与消费市场密切相关。30 年代初期，美国经济出现了大萧条，但随着罗斯福政府的施政和继之而来的国家福利体制的建立，大萧条得以缓解，并进入了空前的经济高速发展时期，随之出现了庞大的中产阶级。

工业化大生产造成了产品价格的大幅度下降，设计伴随着产品进入了千家万户。30 年代中期，设计已经开始影响到人们的生活方式。人们对设计风格有了日益明显的要求，尤其是中产阶级这个社会的主要阶层。巨大的需求引发了设计的飞速发展，而设计师又通过各式各样不断的改变刺激着他们的需求，诱导着消费，供求双方形成了互相刺激的良性循环。

由于流线型设计的形式给人以速度感、给机器的活力感，所以成为一种象征速度和现代精神的造型语言，受到美国设计师和消费者的青睐。

牛顿的科学百宝箱

"Wow，还有更多有意思的事情，跟我来吧！"

半导体

半导体是一种特殊的材料，它的导电性介于绝缘体和导体之间，可以通过外在条件进行控制。

一般说来，材料的导电性由导电带中含有的电子数量来决定。当电子从价电带获得能量而跳跃至导电带时，电子就可以在带间任意移动而导电。常见的金属材料中，导电带与价电带之间的能隙非常小，而绝缘材料中，导电带与价电带之间的能隙一般非常大。

常见的半导体材料有硅、锗、砷化镓等，而在种种半导体材料中，硅最具有商业应用价值。

半导体对电子产业的发展起到了巨大的推进作用，如今的各种电子产品，例如手机、计算机等，它们的核心单元都和半导体有着极为密切的关联。在这些应用中，半导体都是因为施加于其上的电场改变，导电性能动态地发生了变化。

牛顿考考你

"我相信你也是科学高手，你会做下面的题目吗？"

1. 小孩从滑梯上滑下的过程，受到的力有（　　）。

    A. 下滑力，摩擦力

    B. 重力，下滑力，摩擦力

    C. 下滑力，摩擦力，重力，支持力

    D. 重力，支持力，摩擦力

2. 骑自行车的人，遇到紧急情况刹车时，用力捏闸，其目的是为了（　　）。

    A. 增大压力以增大摩擦　　　　B. 使接触面粗糙以增大摩擦

    C. 减小摩擦　　　　　　　　　D. 以上说法都不对

3. 下列措施中，为了减小摩擦的是（　　）。

    A. 垫上一块胶皮将瓶盖拧开

    B. 往轴承中注入一些润滑油

    C. 在皮带传动中将皮带张紧些

    D. 在皮带传动中往皮带上涂皮带油

第八节　它们在水下比在水面更快

牛顿如是说

荣誉并不是奋斗的动力。

同学们，今天我要问大家一个问题，鲸鱼和鲨鱼能在水里飞速游动，那到了水面上呢，它们还能保持相同的游动速度吗？

　　不知道游过泳的同学有没有这样的经验，潜泳要比自由泳游得更顺畅，大家有没有想过其中的科学依据呢？这一节就让我们一起来探讨一下。

　　初看这个题目，许多人也许感到很奇怪。因为一般情况下，物体在地上行进的速度要比水下快，因为空气的阻力要大大小于水的阻力。然而，潜艇却相反，它在水下航行的速度要快于在水面的航行速度。这是为什么呢？

　　潜艇在水面航行时，影响航速的阻力一般有摩擦阻力、旋涡阻力、兴波阻力、突出体阻力和空气阻力。这5种阻力随着航速的增加而变大。当潜艇在水下时，空气阻力就不存在了。由波浪造成的兴波阻力也会随着潜艇下潜深度的增加而减小，水面惊涛骇浪时，水下可能风平浪静。这样，影响潜艇水下航速的阻力就只剩下摩擦阻力、旋涡阻力和突出体阻力。

　　如果潜艇一直以同样的低速航行，那么它在水面所受到的阻力要小于水下受到的阻力，航行速度以水面为快。这是因为潜艇低速在水面航行时，其兴波阻力和空气阻力都相当小，所面对的只是摩擦阻力、突出体阻力和旋涡阻力。而潜艇在水下低速航行时，虽然主要航行阻力也是这3个阻力，但因为潜艇在水下状态时浸水表面积大大增加，会使摩擦力较水面增大许多。同时由于潜艇在水下时一些突出体（如指挥台）入水后会加大突出体阻力，所以潜艇水下低速航行时的阻力要大于水面低速航行时的阻力，也就是说，低速水下航行比低速水面航行要消耗更大的功率，其航行速度自然低于在水面航行。

　　然而潜艇在高速航行时，就会出现与上面所讲的完全不同的状态。随着航速的增加，潜艇在水面上的空气阻力和兴波阻力将大大增加，使其总阻力值大于在水下高速航行的潜艇的总阻力值。据计算，当潜艇的速度达到一定值时，水面阻力甚至是水下阻力的两倍，其结果也就可想而知了。

　　所以，对于潜艇来说，不管它是水面航行还是水下航行，如果都采用同一个动力装置，那么在同样的额定功率下，在水面和水下就会产生出不同的最大航速值。此外，因为潜艇的主要活动是在水下，所以在动力装置的设计上主要考虑的也是尽量减少水下阻力，以适应在水下航行的特点，也因此，潜艇的水下航速高于水面航速。

牛顿的科学百宝箱

"Wow，还有更多有意思的事情，跟我来吧！"

小孔成像

用一块带有小孔的板遮挡在屏幕与物体之间时，屏幕上会形成物体的倒像。这种现象我们称为小孔成像。

有趣的是，前后移动中间作为遮挡的板时，像的大小也会随之发生变化。

最早完成小孔成像实验的人是中国古代的学者墨子。同时他还解释了小孔成像的原因，指出了光沿直线传播这一重要性质。

光的直线传播性质可以总结为：在同种均匀介质中，在不受引力作用干扰的情况下，光将沿直线传播。

小孔成像理论对光的波动学说起到了关键作用，它的原理和方法，后来曾在许多著名的实验中被用到，如杨氏双缝干涉实验等。

今日，人们对小孔成像最大的应用是照相机和摄影机。其原理为：镜头是小孔，景物通过小孔进入暗室后，像被一些特殊的化学物质留在了胶片上。

牛顿考考你

"我相信你也是科学高手，你会做下面的题目吗？

1. 下列几个过程中，存在滑动摩擦的是（　　）。

   A. 擦黑板时，板擦与黑板间的摩擦

   B. 传动皮带打滑时，皮带与皮带轮间的摩擦

C. 用卷笔刀削铅笔时，铅笔与转孔间的摩擦

D. 骑车时车轮与地面之间的摩擦

2. 下列各种摩擦中，有利的摩擦是（　　　）。

A. 手握瓶子，手与瓶子之间的摩擦

B. 机械运转时，各部件之间的摩擦

C. 自行车刹车时，车轮与地面间的摩擦

D. 吃饭时，筷子与食物之间的摩擦

第十章　飞快的速度与生活

　　时间一晃就到了本书的第十章，我们的话题似乎还是离不开速度二字。这一章中，我们将更加关注速度与生活的联系，揭开那些生活中你只见过，却没有深思过的关于速度的问题。看看它们是如何影响我们的生活的，如何推动着人类社会发展的。

第一节　惊心动魄的过山车

牛顿如是说

成功的奥秘在于多动手。

　　同学们一定都去过游乐场，那么在游乐场的设施中，你最不敢玩的是什么，最喜欢的又是什么呢？我想无论是哪个问题的答案，回答最多的肯定非过山车莫属——那是属于速度的激情啊！

　　奇怪，惊心动魄的过山车，到底为何如此快速呢？好奇之余，我们今天就一起来解开它神秘的面纱吧。

　　其实过山车列车本身并没有电动机：在运行过程的大半段，列车是依靠重力和动量运动的。因此为了积蓄势能，需要将列车提升到第一个山坡的顶部，或以极大的推力将其发射出去。

　　传统的提升装置是一根长长的链条（或多根链条），就像自行车的链条，但要大得多。它被安装在轨道下面，并沿抬升坡向上延伸。这根链条固定在一个环路中，这个环路在山坡的顶部和底部各有一个传动装置。山坡底部的传动装置是由一个简单的电动机转动的。

通过转动链条环路，使之像一条长长的传送带那样持续不断地向山坡顶部移动。当列车行进到山坡底部时，锁簧会卡住链条的链节。一旦链条锁簧被钩住，链条就会拉着列车向山顶行进。在最高点处，锁簧松开，列车开始沿山坡向下移动，你听到的链条发出的嗒嗒声，其实是防倒滑装置发出的声音，以防电机发生故障时列车倒滑回车站造成事故。

2010 年 11 月 4 日开放的迪拜法拉利乐园的 Formula Rossa，是目前世界上最快的过山车。尽管它的高度只有 52 米，但它能在 5 秒内加速到 240 千米每小时，并且在加速系统上还借鉴了航空母舰。Intamin 公司在超级赛车、京达卡之后，书写了过山车历史上的又一个神话。

Formula Rossa 固然很强调瞬间加速带来的窒息感受，但它之后的旅程并没有戛然而止。区别于那些为了破高度纪录而只有一个大坡即结束全程的过山车，Formula Rossa 布满了流畅曲线的山坡，这势必给乘客提供了大量的飞行时间，并且在有磁力刹车片铺设的第一山坡上，乘客处于漂浮状态的时间将会增加，这也是很多人梦寐以求的。如此快的速度之下，负载的重力也势必会变大，也就意味着乘客能感受到被向上抛射的强烈感受——尽管从官方放出的乘坐视频上看不出来。总而言之，这座新的破纪录过山车将带给我们耳目一新的感受。

牛顿的科学百宝箱

"Wow，还有更多有意思的事情，跟我来吧！"

磁悬浮列车

磁悬浮列车是一种靠磁悬浮力（即磁的吸力和排斥力）来推动的列车。由于轨道的磁力使之悬浮在空中，行走时不需接触地面，因此只受来自空气的阻力。磁悬浮列车的最高速度可达每小时 500 千米以上，比轮轨高速列车的300多千米时速还要快。磁悬浮技术的研究源于德国，早在1922年，德国工程师赫尔曼·肯佩尔就提出了电磁悬浮原理，并于1934年申请了磁悬浮列车的专利。1970年以后，随着世界工业化国家经济实力的不断加强，为提高交通运输能力以适应其经济发展的需要，德国、日本等发达国家以及中国都相继开始筹划进行磁悬浮运输系统的开发。

磁悬浮列车利用电磁体"同性相斥，异性相吸"的原理，让磁铁具有抗拒地心引力的能力，使车体完全脱离轨道，悬浮在距离轨道约1厘米处，腾空行驶，创造了近乎"零高度"空间飞行的奇迹。

由于磁铁有同性相斥和异性相吸两种形式，故磁悬浮列车也有两种相应的形式：一种是利用磁铁同性相斥原理而设计的电磁运行系统的磁悬浮列车，它利用车上超导体电磁铁形成的磁场与轨道上线圈形成的磁场之间所产生的相斥力，使车体悬浮运行；另一种则是利用磁铁异性相吸原理而设计的电动力运行系统的磁悬浮列车，它是在车体底部及两侧倒转向上的顶部安装磁铁，在T形导轨的上方和伸臂部分下方分别设反作用板和感应钢板，控制电磁铁的电流，使电磁铁和导轨间保持10～15毫米的间隙，并使导轨钢板的排斥力与车辆的重力平衡，从而使车体悬浮于车道的导轨面上运行。

牛顿考考你

"我相信你也是科学高手，你会做下面的题目吗？"

1. 出行，是人们工作生活必不可少的环节，出行的工具五花八门，使用的能量也各不相同。自行车、电动自行车、普通汽车消耗的能量类型分别是（　　）。

①生物能　　　　　　②核能

③电能　　　　　　　④太阳能

⑤化学能

A. ①④⑤　　　　　　B. ①③⑤

C. ①②⑤　　　　　　D. ①③④

2. 设汽车行驶时受到的阻力和汽车速率的平方成正比，如果汽车以速率 v 匀速行驶时发动机的功率为 P，那么当它以 $2v$ 的速率行驶时，它的发动机功率是（　　）。

A. $2P$　　　　　　B. $4P$

C. $8P$　　　　　　D. $16P$

第二节　现场最后一排和电视机前，谁更快听到歌声？

牛 顿 如 是 说

我们不一定要是天才，但我们知道自己的目标与计划；我们会经常受到挫折，但不要失去热情。

这个标题一定勾起了不少同学的兴趣，今天我们就来讨论一下这个我们常见，却往往不会深思的问题。

相信学过物理的同学都知道，宇宙第一速度是光速，那么声速和光速通过媒介传播后又是什么样的结果呢？

一般说来，音速与介质的性质和状态有关。在压缩性小的介质中的音速会大于在压缩性大的介质中的音速。另外，介质状态不同，音速也不同。音速的数值在固体中比在液体中大，在液体中又比在气体中大。音速的大小还随大气温度的变化而变化，在对流层中，高度升高时，气温下降，音速减小。

在平流层下部，气温不随高度而变，音速也不变，为 295.2 米 / 秒。空气流动的规律和飞机的空气动力特性，在飞行速度小于音速和大于音速的情况下，具有质的差别。因此，研究航空器在大气中的运动，音速是一个非常重要的基准值。

光速是自然界物体运动的最大速度。它与观测者相对于光源的运动速度无关，即相对于光源静止和运动的惯性系中，测到的光速是相同的。物体的质量将随着速度的增大而增大，当物体的速度接近光速时，它的质量将趋于无穷大，所以有质量的物体达到光速是不可能的。只有静止质量为零的光子，才始终以光速运动着。光速与任何速度叠加，得到的仍然是光速。

电波的传播速度确实比声波快，尤其是如果现场的音响距最后一排的距离大于电视音响距人的座位距离，应该是看电视直播先听到声音。

牛顿的科学百宝箱

"Wow，还有更多有意思的事情，跟我来吧！"

慢镜头与快镜头

电影放映机和摄影机每秒拍摄 24 幅画面，放映时也是每秒 24 幅，这时银幕上出现的是正常速度。如果摄影师在拍摄时，加快拍摄频率，如每秒拍摄 48 幅，那么，放映时仍为每秒 24 幅时，银幕上就会出现慢动作，这就是通常所说的慢镜头。

与之相对，在拍摄摄影片或者电视片时，如果用慢速拍摄的方法拍摄，再用正常速度播放，就会产生人和物动作的速度比实际快的效果。这就是俗称的快镜头。

当前，数码摄影机的拍摄功能更加完美，最高每秒能拍摄 2000 幅画面，这时可以慢慢播放，动作最慢可以到正常速度的 1/8。而快动作的镜头如果运用得当，将会产生一种夸张的喜剧性效果。

牛顿考考你

"我相信你也是科学高手，你会做下面的题目吗？"

1. 为什么先看到闪电后听到雷声（　　）。

　　A．眼睛长在耳朵前面

　　B．光速比声速快

　　C．先发生闪电，后产生雷声

　　D．以上说法都不对

第三节　遨游太空需要的速度

牛顿如是说

最浪费不起的是时间。

　　说完了声音的速度，今天我要带着同学们去看看宇宙中的速度。各位同学，想必你们小时候，许多人的理想都是当飞行员，遨游太空。那么你们知道为什么天上的星星不会掉下来，为什么人造卫星也能在太空中运行呢？不要着急，接下来我们就来慢慢探讨一下遨游太空需要的速度吧！

　　首先我们必须了解一个名词——宇宙速度。

　　宇宙速度是指物体达到 11.2 千米 / 秒的运动速度时，能摆脱地球引力束缚的一种速度。物体在摆脱地球束缚的过程中，在地球引力的作用下，并不是直线飞离地球，而是按抛物线飞行；脱离地球引力后，在太阳引力作用下绕太阳运行。

若要摆脱太阳引力的束缚飞出太阳系，物体的运动速度必须达到 16.7 千米 / 秒。那时它将按双曲线轨迹飞离地球，而相对太阳来说，它将沿抛物线飞离太阳。

必须注意，人类的航天活动，并不是一味地要逃离地球。当前的应用航天器需要绕地球飞行，即让航天器做圆周运动。也就是说，必须始终有一个力作用在航天器上，其大小等于该航天器运行线速度的平方乘以其质量再除以公转半径，即 $F=mv^2/R$。在这里，正好可以利用地球的引力。因为地球对物体的引力，正好与物体做曲线运动的离心力方向相反。经过计算，在地面上，物体的运动速度达到 7.9 千米 / 秒时，它所产生的离心力，正好与地球对它的引力相等。这个速度被称为环绕速度。

事实上，宇宙速度的概念是发射航天器的初速度，也就是一次性给予航天器所需要的所有动能。如果不这样，比如说地球上发射火箭，火箭的初速度无法达到第一宇宙速度，但是只要它有不断的动力，也可以进入外太空。地球是圆的，就像你水平扔出一块石头一样，用的力（更准确地说是初速度）越大石头飞出越远，如果初速度足够大，石头可以飞很远很远（其实就是等于第一宇宙速度 7.9 千米 / 秒，这时石头将永远"飞行"在最初抛出的那个轨道的高度上）；如果初速度再大点，地球的引力就无法拉住石头了，石头就会以螺旋形的轨道被抛出地球（原理就像洗衣机一样，依靠离心力）。宇宙飞船也一样，就是大一点的石头，它由航天飞机等运载上太空再组装，所以它本来就是在外层大气之上做圆周运动（这时飞船的速度 $v^2=Gm/R$，G 是万有引力常量 $G=6.67 \times 10^{-11}$ N·m^2 /kg^2，m 是地球的质量，R 是飞船离地心的距离），这时如果飞船加速，就能够飞出地球遨游太空。

牛顿的科学百宝箱

"Wow，还有更多有意思的事情，跟我来吧！"

光谱

光谱的全称是光学频谱。它是指复色光通过色散系统进行分光后，依照光的波长（或者频率）的大小顺次排列形成的图案。

　　光谱的原理是：复色光中有着各种波长（或者频率）的光，这些光在介质中有着不同的折射率。因此，当复色光通过具有一定几何外形的介质（例如棱镜片）之后，波长不同的光线会因出射角的不同而发生色散现象，投映出连续的或不连续的彩色光带。

　　光谱中最大的一部分可见光谱是电磁波谱中人眼可见的一部分，在这个波长范围内的电磁辐射被称作可见光。必须注意，光谱并没有包含人类大脑视觉所能区别的所有颜色，譬如褐色和粉红色。

　　光谱最重要的应用是太阳光色散实验。当太阳光通过棱镜片折射后，形成了由红、橙、黄、绿、蓝、靛、紫依次连续分布的彩色光谱，这说明了太阳光为复色光。

牛 顿 考 考 你

"我相信你也是科学高手，你会做下面的题目吗？"

1. 物体做竖直上抛运动（不考虑空气阻力），以下说法中正确的是（　　）。

　　A. 物体在最高点的速度和加速度都为零

　　B. 物体在上升和下降过程中的加速度相同

　　C. 物体上升和下降到某一高度时，位移相同，速度不相同

　　D. 可以看作一个竖直向上的匀速运动和一个自由落体运动的合运动

第四节　三大宇宙速度

牛顿如是说

一不为名，二不为利，但工作目标要奔世界先进水平。

定义：

从研究两个质点在万有引力作用下的运动规律出发，人们通常把航天器环绕地球、脱离地球和飞出太阳系所需要的最小速度，分别称为第一宇宙速度、第二宇宙速度和第三宇宙速度。

第一宇宙速度（v_1）

航天器沿地球表面做圆周运动时必须具备的速度，也叫环绕速度。按照力学理论可以计算出 v_1=7.9 千米／秒。航天器在距离地面表面数百公里以上的高空运行，地面对航天器引力比在地面时要小，故其速度也略小于 v_1。

第二宇宙速度（v_2）

当航天器超过第一宇宙速度 v_1 达到一定值时，它就会脱离地球的引力场而成为围绕太阳运行的人造行星，这个速度就叫作第二宇宙速度，亦称逃逸速度。按照力学理论可以计算出第二宇宙速度 v_2=11.2 千米／秒。由于月球还未超出地球引力的范围，故从地面发射探月航天器，其初始速度不小于10.848 千米／秒即可。

第三宇宙速度（v_3）

从地球表面发射航天器，飞出太阳系，到浩瀚的银河系中漫游所需要的最小速度，就叫作第三宇宙速度。按照力学理论可以计算出第三宇宙速度 v_3=16.7 千米／秒。需要注意的是，这是选择航天器入轨速度与地球公转速度方

向一致时计算出的 v_3 值；如果方向不一致，所需速度就要大于 16.7 千米／秒了。可以说，航天器的速度是挣脱地球乃至太阳引力的唯一要素，目前只有火箭才能突破该宇宙速度。

三大宇宙速度计算：

第一宇宙速度：

在以地球为半径的轨道上运行的速度，万有引力 = 向心力，$Gm/R^2 = v^2/2$

第二宇宙速度：

能脱离地球引力到达无穷远处的最小速度，此时在无穷远处总能量为零，根据机械能守恒 $1/2v^2$（动能）$-Gm/R$（势能，是负的）$=0$

第三宇宙速度：

能脱离太阳的引力到达无穷远处的最小速度，这样只需把第二宇宙速度方程中地球的质量换成太阳的质量，地球半径换成地球公转轨道半径就行了，但不同的是，解出速度后，还要再减去地球的公转速度才是最终的第三宇宙速度，因为地球的公转已经提供了一定的动能，况且发射速度都是相对于地球来说的。

注：上面的方程中 m（发射体的质量）都已经约去，所以像 $1/2v^2$ 并不是真正的动能表达式，只是为了说明这个式子的物理意义。还有，第一、第二宇宙速度的表达式中 Gm 可以用 gR^2 来代换，这样就不必知道地球的质量了，地球半径为 6400 千米。

牛顿考考你

"我相信你也是科学高手，你会做下面的题目吗？"

1. 1998 年 1 月发射的"月球勘探者"空间探测器，运用最新科技手段对月球进行近距离勘探，在月球重力分布、磁场分布及元素测定等方面取得了

新成果，探测器在一些环形山中发现了质量密集区，当飞到这些质量密集区时，通过地面的大口径射电望远镜观察，"月球勘探者"的轨道参数发生了微小变化，这些变化是（　　　）。

A. 半径变小　　　　　　　B. 半径变大

C. 速率变小　　　　　　　D. 速率变大

第五节　被禁止的鲨鱼皮泳衣

牛顿如是说

科学的发展，不仅是为了让人们更好的认识这个世界，从目的上说，更是为了让人们生活得更好。

阳光、沙滩、海浪，这几个形容词出现在同学们脑海里时，就是无数的泳衣美女的场景吧，那你们知道泳衣的材质有哪些吗？可又知道曾经鲨鱼皮泳衣是专业游泳队的选择吗？

对的，曾经。因为现在鲨鱼皮泳衣已经被禁止了。原因又是什么呢？

人们已经探索了许多年，究竟穿怎样的泳衣能游得更快？泳者在水中遇到的阻力，与水的密度、泳者的正面面积、摩擦系数及泳者速度的平方成正比，因此减少正面面积和摩擦系数是设计低阻力泳衣的关键。

鲨鱼皮泳衣是人们根据其外形特征起的绰号，其实它有着更加响亮的名字：快皮，它的核心技术在于模仿鲨鱼的皮肤。生物学家发现，鲨鱼皮肤表面粗糙的 V 形皱褶可以大大减少水流的摩擦力，使身体周围的水流更高效地流过，鲨鱼从而可以快速游动。快皮的超伸展纤维表面便是完全仿造鲨鱼皮肤表面制成的。此外，这款泳衣还充分融合了仿生学原理：在接缝处模仿人类的肌腱，为运动员向后划水时提供动力；在布料上模仿人类的皮肤，富有弹性。实验表明，快皮的纤维可以减少 3% 的水的阻力，这在 0.01 秒就能决定胜负的游泳比赛中有着非凡意义。但是最根本的原因，还是鲨鱼皮泳衣使用了能增加浮力的聚氨酯纤维材料。

1999 年 10 月，国际泳联正式允许运动员穿快皮参赛。

随后，世界泳坛不断掀起破纪录的狂潮。在 2008 年 3 月份的澳大利亚游泳奥运选拔赛中，苏利文等选手曾经在 7 天之内 7 次打破世界纪录。而在先前举行的欧洲游泳锦标赛，法国、荷兰和意大利的选手共 6 次刷新世界纪录。自 2008 年 2 月中旬之后的 6 周之内，游泳池中诞生了 16 项新的世界纪录，而其中的 15 项是运动员身着 LZR Racer 即第四代鲨鱼皮泳衣创造的。在 2008 年 6 月末的美国游泳奥运选拔赛上，美国"飞鱼"菲尔普斯又身着这款神奇泳衣打破了男子 400 米混合泳的世界纪录，接下来，名将霍夫创造了女子 400 米混合泳的纪录。

菲尔普斯在破纪录后兴奋地表示，新的泳衣让他如虎添翼："穿上它跳进泳池，像灼热的刀刃划过细腻的黄油。我真的在之前从未穿过这么好的泳衣，它肯定能帮助我打破更多的纪录。"

菲尔普斯的溢美之词让人们重新认真地审视 Speed 的这款新泳衣，事实证明，这款泳衣自 2008 年 2 月份投入市场以来，确实一路伴随着泳坛的革命：已作古的 44 项世界纪录中，居然有 40 项跟它有关。

一时之间，新泳衣成为征战北京奥运各代表团争相崇拜的"偶像"，有 50 多个国家运动员穿它参加北京奥运会。北京奥运会的泳衣霸主非它莫属。

但是，在 2009 年 7 月，国际泳联决定于 2010 年 5 月之后全球禁用高科技泳衣，并做出决定，从 2010 年起：

1. 禁止在比赛中使用高科技泳衣；

2. 泳衣材料必须为纺织物；

3. 泳衣不得覆盖四肢；

4. 新规则使用前世界纪录不作废。

鲨鱼皮泳衣近 10 年的辉煌历史由此走到了尽头。

"我相信你也是科学高手，你会做下面的题目吗？"

1. 2009 年 7 月，国际泳联宣布 2010 年起全面禁用"鲨鱼皮泳衣"。"鲨鱼皮泳衣"的核心技术在于模仿鲨鱼的皮肤。鲨鱼皮肤表面粗糙的 V 形皱褶可以减少水流的摩擦力，据此研制的泳衣可提高运动员的比赛成绩。下列说法不正确的是（　　）。

　　A. 穿上"鲨鱼皮泳衣"的游泳运动员在比赛中体温基本不变

　　B. "鲨鱼皮泳衣"是模仿鲨鱼皮肤结构而制造的

　　C. "鲨鱼皮泳衣"可以为游泳运动员提供能量

　　D. 鲨鱼皮肤表面粗糙的 V 形皱褶是自然选择的结果

第六节　保持安全距离

成功＝艰苦的劳动＋正确的方法＋少谈空话。

　　同学们，大家是否喜欢看民生新闻呢？这类新闻里没有国际大事，却与我们生活的安全息息相关，从食品安全到出行安全，甚至是感情安全。这些新闻，尤其是交通新闻时刻都在告诉我们得保持一定的安全距离，对安全有所警惕。这一节我们就来探讨一下安全距离。

　　最近，汽车追尾事故频发，只要是开车上过路的人都会知道，车一上路就汇入了车流，绝大多数时间里都是跟着前面的车前行，一不小心就会与前面的车发生追尾。而在汽车追尾事故中，基本都是由于前后两车的距离隔得太近造成的，换句话说，就是车主没能很好地保持安全距离。

跟车的时候最好保持匀速，不要猛踩油门加速或者由于车速不当与前车距离太近而刹车。同时要时刻关注前车的速度，尽量保持与前车速度一致，以便保证跟车距离。

大家都听过一句老话，距离产生美。其实这句话蕴含了很深刻的道理。它不单纯的适用于道路行车中，朋友、同事之间相处也适用同样的规则。所以，每个人之间的关系都要有一个度，有一个恰当的距离。

保持安全距离，让我们仔细回味这句话吧！

牛顿的科学百宝箱

"Wow，还有更多有意思的事情，跟我来吧！"

超声波测距

由于超声波指向性强，能量消耗缓慢，在介质中传播的距离较远，因而超声波经常用于距离的测量，如测距仪和物位测量仪等都可以通过超声波来实现。利用超声波检测往往比较迅速、方便，计算简单，易于做到实时控制，并且在测量精度方面能达到工业实用的要求，因此在移动机器人研制上也得到了广泛的应用。

为了使移动机器人能自动避障行走，就必须装备测距系统，以使其及时获取距障碍物的距离信息（距离和方向）。本文所介绍的三方向（前、左、右）超声波测距系统，就是为机器人了解其前方、左侧和右侧的环境提供一个运动距离信息。

为了研究和利用超声波，人们已经设计和制成了许多超声波发生器。总体上讲，超声波发生器可以分为两大类：一类是用电气方式产生超声波，一类是用机械方式产生超声波。电气方式包括压电型、磁致伸缩型和电动型等；机械方式有加尔统笛、液哨和气流旋笛等。它们所产生的超声波的频率、功率和声波特性各不相同，因而用途也各不相同。目前较为常用的是压电式超声波发生器。

牛顿考考你

"我相信你也是科学高手，你会做下面的题目吗？"

1. 一辆汽车正以 10 米 / 秒的速度在平直公路上前进，突然发现正前方 x 米远处有一辆自行车以 4 米 / 秒的速度沿同方向做匀速直线运动，汽车立即关闭油门做加速度为 6 米 / 秒的匀减速运动。若汽车恰好不碰上自行车，则 x 的大小是 _____ 米。

答　案

第一章　惊悚的速度

第一节　1. C　　　　　　　　第二节　1. C　　2. C　　3. B
第三节　1. B　　2. D　　3. D　　第四节　1. D　　2. D
第五节　1. C　　2. C　　3. D　　第六节　1. C　　2. C　　3. A

第二章　有快有慢的速度

第一节　1. D　　2. B　　3. A　　第二节　1. A　　2. A
第三节　1. C　　2. B　　3. B　　第四节　1. A
第五节　1. D

第三章　速度组成的世界

第一节　1. A　　2. C　　3. B　　第二节　1. C
第三节　1. B　　2. A　　　　　　第四节　1. C　　2. A　　3. C

第四章　停不下来的速度

第一节　1. D　　2. CD　　　　　第二节　1. A　　2. CD　　3. C
第三节　1. A　　2. C　　3. C　　第四节　1. D　　2. A　　3. B
第五节　1. C　　2. D　　3. B

第五章　加加减减的加速度

第一节　1. A　　2. C　　3. C　　第二节　1. C　　2. D　　3. C
第五节　1. B　　2. C　　3. A　　第六节　1. B　　2. C　　3. A
第七节　1. ABCD　2. A　　3. BC　第八节　1. B　　2. C　　3. C
第九节　1. AB　　2. C　　3. B

第六章　天体运动

第一节　1. C　　2. D　　3 B　　4. C　　5. C　　6 B　　7. C　　8 A
第二节　1. A　　　　　　　　第三节　1. C　　2. BC
第四节　1. B　　2. B　　　　第五节　1. C　　2. B　　3. A
第六节　1. B　　2. D　　　　第七节　1. D　　2. A　　3. B
第九节　1. A　　2. B

第七章　永远不变的运动的量

第一节　1. D　　2. A　　3. A　　第二节　1. D　　2. BD　　3. A
第三节　1. D　　2. C　　3. D　　第四节　1. C　　2. C　　3. B

第八章　运动的尺子会变短

第一节　1. D　　2. B　　3. D　　第二节　1. ABD　　2. BD　　3. BC
第三节　1. C　　　　　　　　　　第四节　1. A　　2. C　　3. B
第五节　1. D　　2. B　　3. D

第九章　影响速度的力

第一节　1. C　　2. C　　3. B　　第二节　1. A
第三节　1. D　　2. C　　3. C　　第四节　1. D　　2. A
第五节　1. BD　　2. B　　3. D　　第六节　1. AD　　2. AD　　3. B
第七节　1. D　　2. A　　3. B　　第八节　1. ABC　　2. ACD

第十章　飞快的速度与生活

第一节　1. B　　2. C　　　　　第二节　1. B
第三节　1. B　　　　　　　　　第四节　1. AD
第五节　1. C　　　　　　　　　第六节　1. 3